KB140832

일상 속 숨어 있는
생물학 이야기

HANASHITAKUNARU! TSUKAERU SEIBUTU

ⓒ SAMAKI TAKEO/AONO HIROYUKI 2014

Originally published in Japan in 2014 by ASUKA PUBLISHING INC., TOKYO,
Korean translation rights arranged with ASUKA PUBLISHING INC., TOKYO,
through TOHAN CORPORATION, TOKYO, and EntersKorea Co., Ltd., SEOUL

유전자부터 백신까지,

식물에서 동물까지

생물학 상식 50

일상 속 숨어 있는
생물학 이야기

사마키 다케오·아오노 히로유키 **편저**

김정환 **옮김**

예문아카이브

독자 여러분에게

우리 주변에는 수많은 생물이 살고 있다. 우리가 평소에 먹는 식재료도, 병을 일으키거나 몸의 컨디션을 떨어트리는 원인도, 유전이나 진화도 전부 우리와 매우 가깝고 친근하지만 우리는 그런 개념들에 대해 잘 알지 못한다.

생물학은 현재 가장 활발한 학문 분야로, 다양한 기술이 발전한 덕분에 지금도 새로운 사실들이 속속 발견되어 기존 지식이 끊임없이 갱신되고 있다. 그런 새로운 사실들 중에서도 교양인으로서 이 정도는 알아뒀으면 하는 과학 상식을 엄선해 알기 쉽게 해설했다. 내용의 수준은 지금의 중학교에서 고등학교 초급 정도다. 독자 여러분이 중·고등학생이었을 때 배운 내용보다는 조금 수준이 높을지도 모르는데, 어떤 의미에서 최근의 생물학이 그 시절보다 진보했다는 증거라고도 할 수 있겠다.

이 책의 집필에는 연구자와 의료 관계자, 교사 등 많은 사람이 참여했다. 총 6장에 50개의 주제로 구성되었는데, 관심이 가는 부분부터 읽기 시작하면 된다. 그리고 나서 '와, 그렇구나. 재미있는데?'라는 생각이 든 내용이 있다면 기회가 있을 때 주위 사람들에게 공유하기 바란다. 그렇게 지식이 확산되고 분야를 초월해 교류하게 되면 더 많은 과학 상식에 흥미를 느끼고 더 즐거운 일상을 보내게 될 것이다.

이 책을 집필하면서 우리도 서로의 원고를 비판적으로 검토하는 가운데 그런 기분을 경험했다. 우리가 만났던 '앎'에 대한 기쁨을 여러분도 느낀다면 더할 나위 없겠다.

편저자
사마키 다케오·아오노 히로유키

1

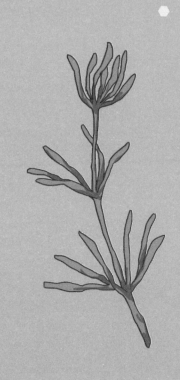

01

생물의 특징은
무엇일까?

지구에 사는 생물은 모두 세포로 구성되며,
필요한 물질을 쉼 없이 몸속에 집어넣고 필요가 없어진 물질을 몸 밖으로 배출한다.
또한 유전자를 다음 세대에 물려주는 방식을 통해 계속 진화하고 있다.

세포라는 최소 단위

손등에 셀로판테이프를 붙였다가 떼어보자. 떼어낸 셀로판테이프에 하얀 무엇인가가 붙어 있는 흔적이 보일 것이다. 바로 피부의 상피 세포다.

다음에는 침을 삼켜보자. 그 침은 침샘의 세포가 만든 것이다.

이번에는 손목의 맥박을 재보자. 맥박이 뛰는 것과 같은 횟수만큼 심장의 세포(심근 세포)가 늘어났다 줄어들기를 반복하고 있다. 이 심근 세포는 하나하나 따로 떼어놓아도 늘어나고 줄어들기를 끊임없이 반복한다.

심장을 기계인 펌프에 비유하는 경우가 많은데, 심장에는 펌프와 전혀 다른 점이 하나 있다. 바로 '전체가 세포로 구성되어 있다'라는 점이다. 아니, 심장뿐만이 아니다. 머리카락도, 뼈도, 눈의 수정체도, 간도, 신장도, 전부 세포가 모여 만들어졌다. 그리고 세포 하나하나가 공동 작업을 통해 생명을 유지시킨다.

코끼리의 세포와 생쥐의 세포

아프리카 코끼리의 성체는 몸길이가 약 7미터, 몸무게는 약 10톤이나 된다. 한편, 생쥐는 머리부터 몸통까지의 길이가 약 7센티미터, 몸무게는 약 10그램밖에 안 된다. 몸길이는 100배, 몸무게는 100만 배나 차이가 나는 셈이다.

그렇다면 코끼리와 생쥐의 몸을 구성하는 세포의 크기도 그만큼 차이가 날까? 그렇지 않다. 수많은 관찰을 통해 우리는 코끼리든 생쥐든 세포 크기에는 거의 차이가 없다는 사실을 알고 있다.

예외도 있기는 하지만, 세포의 평균적인 크기는 동물의 경우 약 10~30마이크로미터(0.01~0.03밀리미터), 식물의 경우 약 10~100마이크로미터(0.01~0.1밀리미터)로 알려져 있다. 식물 세포가 더 큰 이유는 노폐물을 세포 밖으로 배출하지 않고 세포 안에 쌓아두기 때문이다.

이렇게 세포의 크기가 일정한 이유는 무엇일까? 가령 심장의 세포는 늘어났다 줄어들기를 끊임없이 반복하는데, 신축 운동을 하려면 산소와 영양분이 반드시 필요하다. 그런데 만약 세포의 크기가 커져버리면 세포 표면을 통해서 들어온 산소나 영양분이 내부까지 충분히 도달하지 못한다. 필요한 만큼의 산소나 영양분이 내부에 충분히 도달할 수 있는 한계가 세포의 크기를 결정하는 한 요인인 것이다.

동적 평형

1930년대 후반, 미국의 생화학자인 루돌프 쇤하이머는 음식물 속에 들어 있는 분자가 순식간에 몸의 구성 성분이 되고, 또 다음 순간에는 그 분자가 몸 밖으로 빠져나간다는 사실을 발견했다. 가령 생쥐를 예로 들면, 간의 단백질은 약 하루 만에, 심장의 단백질은 약 4일 만에 그 절반이 분해되고 또 새로 합성된다. 쇤하이머는 이 같은 분자의 흐름이야말로 살아 있다는 증거라고 주장했다.

계승되면서 변화하는 생명

모든 생물에는 수명이 있다. 하루살이처럼 우화(번데기에서 성충이 됨)한 뒤 수 시간에서 2~3일밖에 살지 못하는 생물이 있는가 하면, 삼나무처럼 최대 수천 년을 살 수 있는 생물도 있다.

그러나 아무리 오래 산다 한들 죽음을 피할 수는 없다. 살아 있다는 것은 반대로 말하면 언젠가 반드시 죽는다는 의미인 것이다. 그런 까닭에 자신의 유전자를 자손에게 물려주는 것은 생물에게 지극히 중요한 문제다.

다만 자손은 대부분의 경우 단순히 부모의 복제품이 아니다. 부모의 유전자는 뒤섞이고 교체된 뒤에야 비로소 자식에게 계승되기 때문이다. 지렁이처럼 자웅동체인 경우도 다른 개체로부터 받은 정자로 자신의 알을 수정시킨다. 이런 시스템을 통해서 부모와는 다른 유전자를 가진 자식이 만들어지는데, 만약 이런 시스템이 없었다면 생물들이 가혹한 자연환경 속에서 오랜 세월 동안 자손을 남기기란 도저히 불가능했을 것이다.

02

바이러스는
신기한 존재?

바이러스는 세포라는 구조를 갖지 않기 때문에 생물이 아니라고도 할 수 있고,
유전자를 가지고 있어 자손을 남길 수 있으므로
생물이라도 할 수 있는, 참으로 신기한 존재다.

바이러스에는 세포가 없다고?

인플루엔자, 감기, 볼거리(유행성 이하선염), 인두결막열, 홍역,
수족구병, 풍진, 헤르페스……. 우리 주변에서 가끔 볼 수 있는 이
런 병들의 원인은 바이러스이다. 그런데 이 바이러스는 참으로 신
기한 존재다. 병의 원인으로는 바이러스 외에 세균(박테리아)도 있
는데, 세균은 생물이다. 세포를 가지고 있기에 명확하게 생물이라
고 말할 수 있다. 한편 바이러스에는 세포가 없다. 바이러스는 캡
시드라고 하는 단백질 껍질과 그 껍질 속에 들어 있는 유전 물질

인 핵산(DNA 또는 RNA)으로 구성된다. 이처럼 세포의 구조로 되어 있지 않다는 점과 단독으로는 증식할 수 없다는 점 때문에 비(非) 생물로 규정되는데, 한편 유전 물질을 가지고 있으며 세포에 감염해 그 대사 시스템을 이용하면 동족을 불릴 수 있기에 바이러스를 미생물이라고 생각하는 연구자들도 있다.

바이러스는 광학 현미경으로는 볼 수 없을 만큼 작다

바이러스의 크기는 20~970나노미터다(나노미터는 밀리미터의 100만분의 1이다). 세균의 크기가 1~5마이크로미터(마이크로미터는 밀리미터의 1,000분의 1이다)이므로 세균보다 훨씬 작음을 알 수 있다. 대부분의 바이러스는 300나노미터 이하로 매우 작기 때문에 고배율의 전자 현미경이 없으면 볼 수가 없다.

황열병은 열대 아프리카와 중남아메리카에서 유행하는 병이다. 고열 후 심한 간 장애에 동반되는 황달이 나타나기 때문에 이런 이름이 붙었다. 치사율은 5~10퍼센트로 생각되고 있다.

일본의 1,000엔 지폐의 모델인 노구치 히데요는 1918년에 황열병의 병원균(세균)을 발견했다고 공표했다. 그러나 훗날 그 세균은 비슷한 증상의 병원균이며 황열병의 원인은 세균이 아닌 바이러스임이 밝혀졌다. 노구치는 세균설에 집착하는 바람에 병원체를 오인한 것이다.

바이러스의 형태는 아름답다

바이러스는 기본적으로 입자의 중심에 있는 바이러스 핵산과 그것을 둘러싸는 캡시드라는 단백질 껍질로 구성된다. 바이러스에 따라서는 엔벨로프라는 막(膜) 성분을 가진 것도 있다.

이 캡시드와 엔벨로프가 바이러스의 형태를 결정하며, 그 결과 많은 바이러스가 특이한 형태를 띤다. 담배모자이크바이러스처럼 캡시드가 핵산의 주위를 나선형으로 둘러싼 것도 있고, 피코르나바이러스 또는 인간아데노바이러스처럼 수많은 면을 지닌 다면체형도 있다. 가장 흔한 다면체형 캡시드는 정이십면체다. 여담인데, 정이십면체의 각 꼭짓점을 잘라내면 축구공(깎은 정이십면체)이 된다.

또한 박테리오파지 T4(T4 파지)라는 이름이 붙은 바이러스의 형태는 특히 멋지다. 이십면체의 몸통에 다리 같은 것이 6개 달려 있는 모습이 마치 달착륙선을 연상시키는데, 이 바이러스는 다리 부분으로 세포에 착지한 뒤 다리를 움츠리고 세포에 관을 박아 넣어 몸속의 유전자를 주입한다.

바이러스는 에이리언

인플루엔자 바이러스는 세포에 흡착해 침입한다. 이것이 감염이다. 그런데 바이러스는 자신의 유전 정보와 효소를 조금밖에 가지고 있지 않은 탓에 인간의 효소를 빌려서 사용한다. 그리고 자식 바이러스를 대량으로 만든 뒤 세포 밖으로 뛰쳐나가며, 사용된 세포는 당연히 죽고 만다. 1979년에 미국에서 개봉된 〈에이리언〉은 항해 중인 대형 우주선이라는 폐쇄된 공간에서 외계 생물(에이리언)에게 습격당하는 승무원들의 공포와 갈등을 그린 영화인데, 영화에서 에이리언이 보여주는 움직임은 바이러스의 이러한 성질을 참고했다고 한다.

또한 아주 드물게 하나의 세포에 두 종류의 인플루엔자 바이러스가 들어갈 때가 있어서, 8개의 유전자를 교환함으로써 진화한다. 매년 새로운 유형의 인플루엔자가 등장하는 것은 바로 이 때문이다.

최근에는 바이러스의 감염력을 이용해 유전자 치료용 유전자를 운반하는 용도로 사용하기도 한다. 또한 침입한 뒤 숙주를 파괴한다는 점을 역으로 이용하면 식품의 부패를 방지하는 식품 첨가제로 사용할 수도 있다.

03

동물과 식물의
경계선을 넘나드는 생물

동물과 식물의 중간으로 여겨지는 유글레나는 정말로
'경계선을 넘나드는' 생물일까?
생물 분류 기준을 곰곰 생각해보면 이 의문에 대한 답이 나타난다.

생물을 구별한다 – 생물의 분류

지구상에는 수많은 생물이 살고 있다. 현재 알려진 것만 해도 200만 종에 이르며, 실제로는 그 10배가 넘을 것이라고 한다. 이처럼 다양한 생물들을 그룹으로 나누고 그것을 바탕으로 각각의 생물을 이해하려 하는 시도를 '생물의 분류'라고 한다.

'분류학의 아버지'라 하는 칼 폰 린네는 생물을 구별하는 경계선을 딱 하나 그은 뒤 생물의 세계를 식물계와 동물계로 나눴다(2계설). 그리고 이후 현미경이 발달해 수많은 미생물이 발견되자 에

른스트 헤켈은 그 미생물들을 통틀어 '원생생물'로 명명하고 3계설을 제창했다. 그 밖에도 로버트 휘태커의 5계설, 토머스 캐빌리어 스미스의 8계설 등이 있다.

현재의 분류학은 이와 같이 기본적으로 '계(界)'를 통해 그룹을 나누며, 여기에서 다시 작은 그룹을 나누거나 그 작은 그룹들을 하나로 모아 더 거대한 그룹을 만들기도 한다. 이를테면 세포 속에서 DNA가 핵막에 감싸여 있느냐 드러나 있느냐에 따라 생물을 진핵생물과 원핵생물로 나눈다.

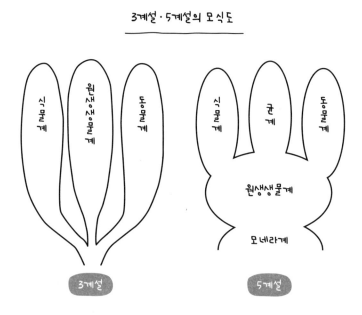

3계설·5계설의 모식도

식물계 / 원생생물계 / 동물계
3계설

식물계 / 균계 / 동물계
원생생물계
모네라계
5계설

이런 커다란 그룹을 '도메인(역)'이라고 하며, 이것이 생물을 분류할 때 가장 본질적인 구별이 된다(다만 원핵생물에는 다시 '고세균 도메인'과 '진정세균 도메인'이라는 두 도메인이 있다고 생각되고 있다).

유글레나는 동물인가, 식물인가? – 동물과 식물의 경계선

최근 들어 영양가가 높은 식자재로 주목받고 있는 유글레나. 연두벌레라고도 하는 이 유글레나는 흔히 동물과 식물의 중간적 존재로 소개되는데, 사실일까?

유글레나는 엽록체를 가지고 있어 광합성을 해서 살아간다. 그러나 육상의 식물처럼 한곳에 머물며 생활하지는 않는다. 물속을 우아하게 헤엄치는 모습은 이 생물을 '벌레'라고 부르는 이유이기도 하다. 몸을 구불거리며 움직일 수도 있다.

다만 유글레나는 움직일 수는 있어도 동물의 또 다른 커다란 특징인 '무엇인가를 먹는다'를 하지 못한다. 실은 이 무엇인가를 먹고 먹지 않는가야말로 동물과 식물을 나누는 경계선이 된다. 살아가는 데 필요한 영양분을 어떻게 조달하는가? 이 관점에서 보면 유글레나는 명백히 식물이다.

진정한 '중간 생물' 하테나 아레니콜라

2000년 말, 와카야마 현의 모래사장에서 기묘한 단세포 생물이 발견되었다. 이 생물은 언뜻 보면 지극히 평범한 동물이다. 그러나 특정 조류(藻類)를 먹었을 때는 그것을 소화시키지 않고 몸속에서 키우며, 그 조류가 광합성을 통해 만드는 영양분으로 살아간다. 이렇게 되면 먹는 데 필요한 입은 쓸모가 사라져 퇴화하고 만다. 요컨대 동물에서 식물로 변화하는 것이다. 너무나도 신기한 방식으로 살아가는 이 생물은 '하테나(이상하거나 당혹스러울 때 내뱉는 일본어 감탄사. 물음표라는 의미로 쓰기도 한다―옮긴이)'라는 애칭으로 불리게 되었고, 훗날 이것이 학명(하테나 아레니콜라)이 되었다.

하테나의 생태를 연구하는 과정에서 더욱 흥미 깊은 사실이 발견되었다. 식물이 된 하테나가 둘로 분열해 수를 늘릴 때, 한쪽 하테나는 공생한 조류를 계승해 식물로 계속 살아가지만 다른 쪽 하테나는 조류를 계승하지 못한다. 그리고 광합성을 할 수 없게 된 하테나는 살아가기 위해 다시 무엇인가를 먹게 된다. 그렇다. 입이 재생되는 것이다. 라이프사이클 속에 식물로서 살아가는 시기와 동물로서 살아가는 시기가 있는 생물은 현재까지 하테나뿐이다. 이 하테나야말로 동물과 식물의 '중간 생물'이라고 해야 마땅한, 경계선을 넘나드는 생물인 것이다.

04

광합성은 현대의 과학 기술로도
재현이 불가능하다?

빛 에너지를 사용해 무기질에서 유기물을 합성할 수 있는 존재는 식물뿐이다.
동물로서는 식물의 이 놀라운 능력에 경탄할 수밖에 없다.

생물은 살아가기 위한 에너지를 당질에서 얻는다

생물이 살아가려면 에너지가 필요하다. 그리고 많은 생물에게
이 에너지의 근원은 전분이나 글루코스(포도당) 같은 당질(탄수화
물)이다. 우리의 주식인 밥이나 빵도 그 대부분이 당질이다. 이 당
질을 좀 더 단순한 화합물로 분해할 때 살아가기 위한 에너지를
얻는 것이다.

식물은 스스로 당질을 만들어내는 생물

당질을 손에 넣는 방법은 두 가지가 있다. 첫째는 스스로 만들어내는 방법이고, 둘째는 다른 생물이 만든 당질을 이용하는 방법이다. 전자는 광합성을 실시하는 식물 등이, 후자는 동물 등이 사용한다.

식물은 물과 이산화탄소를 재료로 삼아 잎의 세포 속에 있는 엽록체에서 당질을 만들어내는데, 이때 잊지 말아야 할 것이 빛 에너지다. 빛 에너지를 이용해서 물과 이산화탄소로부터 당질을 만들어낸다. 이 작업을 광합성이라고 한다.

식물이 실시하는 광합성은 매우 효율적이고 정교한 작업이다. 현대 과학 기술로도 대형 공장 수준의 실용화는 물론, 실험실에서조차 광합성을 재현하는 데 성공하지 못하고 있다. 2002년에 쓰쿠바 시에 있는 연구소에서 '빛 에너지를 이용해 물을 분해하는데 성공했다'라는 뉴스가 나왔지만, 태양 에너지의 변환 효율은 고작 0.03퍼센트에 불과했다. 남세균(남조류)의 변환 효율이 4퍼센트이니, 그 차이는 아직도 매우 큰 편이다.

식물은 먼저 이산화탄소와 물을 원료로 글루코스를 만들고, 이 글루코스에서 전분과 셀룰로스 등의 고분자 당질, 글리세린, 지방산, 기타 유기산 등의 유기물을 만든다. 다만 이것만으로는 몸을 구성하는 세포의 중심 물질인 단백질을 만들지 못한다. 단백질을 만들려면 질소가 필요한데, 문제는 식물이 대기 속의 질소를 그대로 사용하지 못한다는 것이다. 그래서 식물은 질소를 포함하는 암모늄 이온이나 질산 이온을 땅속에서 흡수한 다음 유기물과 화합시켜 아미노산을 합성하며, 그 아미노산을 연결해서 단백질을 만든다. 식물은 이런 식으로 빛의 에너지를 사용해, 살아가는 데 필요한 온갖 유기물을 만들어낼 수 있다.

빛 에너지를 화학 에너지로 바꾸는 엄청난 능력

식물이 빛을 받으면 엽록체 안에 있는 녹색의 클로로필 분자에서 전자가 튀어나온다. 그러면 전자를 잃은 클로로필 분자는 근처에 있는 물 분자를 산소 원자와 수소 원자로 분해하고 수소 원자에서 전자를 빼앗는다. 이때 산소 원자 두 개가 달라붙어서 산소 분자가 되어 식물의 몸 밖으로 방출된다. 식물이 방출하는 산소는 물 분자를 분해한 결과 생겨난 산소인 것이다.

남은 수소 원자는 클로로필 분자에 전자를 빼앗긴 결과 수소 이온(H+)이 된다. 이 수소 이온은 엽록체 속에 있는 막(틸라코이드 막)을 통해 농도가 높은 장소(막의 안쪽)에서 낮은 장소(막의 바깥쪽)로 이동하는데, 댐에 가두어둔 물을 방류해 전기를 만들듯이 이동할 때 ATP라는 물질을 만들어낸다. 수소 이온이 틸라코이드 막의 안쪽에서 바깥쪽으로 이동함으로써 ATP가 만들어지는 것이다.

ATP는 '생명 활동의 에너지원'으로 불리는 물질이다. ATP가 없으면 식물은 이산화탄소(CO_2)와 수소(H)를 결합시켜 포도당($C_6H_{12}O_6$)을 만들지 못한다. ATP도 포도당도 화학 에너지를 가진 물질이다.

한편, 빛의 에너지를 받아 클로로필 분자에서 튀쳐나간 전자는 어떻게 되었을까? 이 전자는 높은 에너지를 지니고 있어서 수소 이온을 틸라코이드 막의 바깥쪽에서 안쪽으로 끌어들이는 작용을 한다. 막의 안쪽에 쌓인 수소 이온의 수가 많을수록 만들 수 있는 ATP의 수도 늘어나기 때문이다. 그리고 다음 단계에는 빛 에너지를 이용해서 만들어진 ATP의 화학 에너지로 CO_2와 H가 결합해 포도당이 만들어진다.

또한 ATP는 쉽게 분해되는 물질이어서 순식간에 소화되어버리지만, 포도당을 여러 개 연결해 전분으로 바꿔놓으면 장기간 안정된 형태로 에너지를 보존할 수 있다.

05

아름다운 꽃은
무엇을 위해 피는 걸까?

아름다운 꽃은 왜 피는 것일까?
꽃이 만들어지는 과정과 꽃의 역할을 살펴보자.

꽃은 벌레의 도움을 받고 있다?

형형색색의 꽃들은 우리의 눈을 즐겁게 한다. 곤충들도 이 아름다움에 이끌려서 꿀을 빨기 위해 꽃을 찾아오는데, 이때 식물은 곤충들에게 꿀을 주면서 동시에 꽃가루를 운반한다는 중요한 임무를 부여한다. 번식을 위해 상대를 찾아다니는 동물과 달리 자유롭게 돌아다닐 수 없는 식물은 곤충 등의 도움을 받아야 한다.

식물이 씨앗을 만들려면 수분(受粉)이 필요하다. 수꽃술의 꽃밥 속에서 만들어지는 꽃가루가 암꽃술의 끝에 있는 주두에 달라붙는다. 그러면 꽃가루에서는 꽃가루관이라는 관이 뻗어 나와 암꽃술 속을 나아간다. 그리고 꽃가루 속에 있었던 정핵(精核)이 그 안을 이동해 암술의 밑씨(배주)에 있는 난세포에 도달함으로써 수정이 이루어지며, 이때 밑씨는 비로소 씨앗이 될 수 있다.

교묘한 수분 방법

제대로 도움을 받아서 수분에 성공하기 위해, 곤충과 꽃 사이에는 재미있는 관계가 형성되었다. 꽃이 꽃가루를 운반해줄 곤충의 몸에 맞는 형태로 변화한 것이다. 물론 짧은 기간에 뚝딱 하고 늘어나거나 줄어든 것은 아니며, 긴 세월 동안 천천히 변화해갔다.

예를 들어 꿀풀과의 꽃에는 입술과 매우 유사한 형태의 꽃잎이 있다. 꽃은 통 모양으로 되어 있으며 그 속에 꿀이 있다. 이 꽃의 꿀을 빨기 위해 오는 곤충은 꿀벌과 같은 부류인데, 꿀벌이 머물기 쉽도록 입술 모양의 꽃잎이 된 것이다. 또한 통 모양의 꽃은 꿀벌이 꿀을 빨려고 할 때 몸에 꽃가루가 달라붙기 쉬운 구조로 되어 있다.

국화과인 엉겅퀴의 경우 작은 꽃이 모여서 하나의 커다란 꽃을 이루는데, 곤충이 꽃에 머물면 수꽃술이 꽃가루를 내뿜어 꿀을 찾아 꽃 위를 기어 다니는 벌의 몸에 꽃가루가 달라붙는다. 이때 이 작은 꽃의 암꽃술은 아직 미성숙 상태라 수분이 되지 않는다. 수꽃술의 꽃가루가 다 떨어진 뒤에야 성숙해 수분이 가능한 상태가 되며, 그곳에 다른 꽃의 꽃가루를 몸에 묻힌 벌이 와서 수분을 한다. 이렇게 수꽃술과 암꽃술의 성숙 기간을 어긋나게 함으로써 벌이 꽃가루를 운반할 수 있도록 만드는 것이다.

곤충이 활발하게 활동하지 않는 겨울에 꽃을 피우는 동백나무는 어떻게 수분을 할까? 한 잎 한 잎이 따로따로 떨어져 있는 것처럼 보이는 동백꽃의 꽃잎은 사실 근원 부분에서 연결되어 있어 매우 튼튼하다. 동백꽃에는 동박새나 직박구리 같은 새가 꿀을 핥으러 찾아오는데, 수꽃술이 단단한 통 모양으로 모여 있어서 꿀을 빨기 위해 머리를 집어넣은 새의 머리에 꽃가루가 달라붙는다.

세계에서 가장 큰 꽃

라플레시아는 세계에서 가장 큰 단독 꽃을 가진 식물로 유명하다. 라플레시아과의 식물로, 포도과 덩굴 식물의 뿌리에 기생한다. 기생해서 영양분을 빼앗는 까닭에 광합성을 하기 위한 잎, 물을 흡수하기 위한 뿌리, 영양분이나 물을 운반하기 위한 줄기가 필요하지 않으며, 그래서 마치 흙 위에 꽃만 핀 것처럼 보인다. 꽃 하나의 크기는 지름이 90센티미터로 세계에서 가장 크다. 꽃이 피

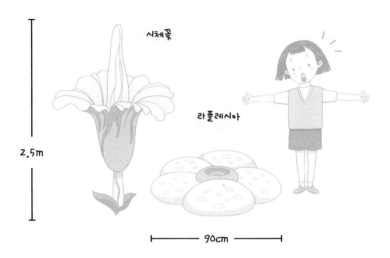

시체꽃과 라플레시아

시체꽃

라플레시아

2.5m

90cm

는 데 2년이 걸리지만, 일단 핀 뒤에는 약 사흘 만에 시들어버린다. 꽃에서는 썩은 내 같은 상당히 강렬한 냄새가 나며, 이 냄새로 검정뺨금파리나 검정파리 등의 파리를 끌어들인다. 파리들이 라플레시아의 꽃가루를 운반하는 것이다.

또한 천남성과인 시체꽃(아모르포팔루스 티타눔)도 세계에서 가장 큰 꽃으로 불린다. 시체꽃의 경우는 단독 꽃이 아니라 작은 꽃들이 모인 꽃차례와 꽃턱잎(꽃대나 자루의 밑에 있는 비늘 모양의 잎)이 합쳐진 것이 거대해져 출현했는데, 높이가 최대 2.5미터에 이른다. 꽃잎처럼 보이는 것은 꽃턱잎으로, 아시아 스컹크 양배추의 흰색 부분과 같은 것이다. 시체꽃도 역시 무엇인가가 썩는 듯한 냄새를 내서 파리를 끌어들인다. 시체꽃의 경우, 꽃이 피기 전까지는 잎과 줄기가 있어서 지하의 덩이줄기에 영양분을 저장한다. 영양분이 충분히 쌓이면 수년에 한 번 꽃을 피우는데, 라플레시아와 마찬가지로 핀 뒤에는 며칠 만에 시들고 만다.

06

종자의 생존율은
어느 정도일까?

우리 주변에 있는 식물은 대부분이 종자식물이다.
식물에서 종자가 어떤 일을 하는지 살펴보자.

종자의 역할은 자손을 남기는 것

도토리를 만드는 졸참나무라는 나무를 조사해보니, 한 그루가
약 3만 5,000개나 되는 종자를 만들지만 다 큰 나무로까지 성장하
는 것은 한두 그루에 불과했다고 한다. 싹을 틔우지 못한 채 시들
어버리거나 동물의 먹이가 되는 경우가 대부분이라는 것이다.

스스로 돌아다니지 못하는 야생의 식물이 동족을 확실히 남기
려면 종자를 많이 만들어 최대한 넓은 범위에 퍼트려야 한다. 다
양한 환경의 장소에 종자를 퍼뜨리면 살아남을 가능성이 높아지

기 때문이다. 이것을 종자 산포라고 한다. 민들레처럼 솜털을 가진 종자, 소나무나 단풍나무처럼 날개를 가진 종자, 우엉처럼 갈고리를 가지고 있어서 동물에 달라붙어 이동하는 종자 등 산포 방법은 식물마다 다양하다.

감의 씨와 콩의 구조

우리가 평소에 먹고 있는 식품 중에는 다양한 종류의 종자가 있다. 주식인 쌀이나 밀을 비롯해, 술안주인 풋콩, 향신료로서 과거에는 커다란 전쟁의 원인이 되기까지 했던 후추도 종자다. 그러나 감귤과 감처럼 종자를 먹지 않고 버리는 경우도 있다.

식물의 종자가 어떤 구조로 되어 있는지, 대표적인 종자를 살펴보자. 식물의 종자에는 두 종류가 있다. 감의 종자처럼 떡잎이 생장하기 위한 영양분을 배유(배젖)에 저장하는 종자(옥수수나 벼, 보리 등)와 콩처럼 배유가 없이 떡잎에 영양분을 저장하는 종자다. 전자를 배유종자, 후자를 무배유종자라고 하는데, 양쪽 모두 광합성으로 만든 영양분을 배(胚)의 생장을 위해 종자에 저장해놓고 있다는 점은 똑같다.

우리 동물은 본래 식물의 배가 이용하고 저장해놓은 영양분을 빼앗고 있는 셈이다.

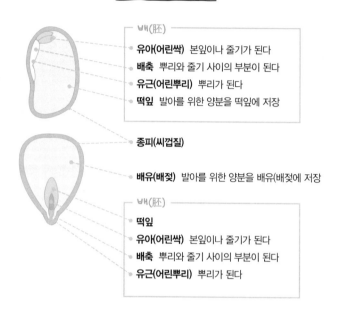

무배유종자와 배유종자

배(胚)
- **유아(어린싹)** 본잎이나 줄기가 된다
- **배축** 뿌리와 줄기 사이의 부분이 된다
- **유근(어린뿌리)** 뿌리가 된다
- **떡잎** 발아를 위한 양분을 떡잎에 저장

종피(씨껍질)

배유(배젖) 발아를 위한 양분을 배유(배젖에 저장

배(胚)
- **떡잎**
- **유아(어린싹)** 본잎이나 줄기가 된다
- **배축** 뿌리와 줄기 사이의 부분이 된다
- **유근(어린뿌리)** 뿌리가 된다

광합성을 하지 않고도 자라는 콩나물의 비밀

콩나물은 콩류를 어두운 곳에서 발아시켜 수확한 것이다. 최근에는 콩류가 아닌 채소의 종자도 같은 방법으로 발아시켜서 판매하고 있다. 발아한 콩나물은 그 상태로 빛이 닿지 않는 곳에 방치해두면 바로 시들어버린다. 발아를 위한 에너지가 종자 속에 저장되어 있는 것이다. 어두운 흙 속에서 싹을 틔우고, 빛을 받기 시작하면 그 뒤로는 잎에서 광합성을 해서 직접 영양분을 만들어 생장

한다. 종자 속의 영양분은 빛을 받는 시점까지를 위한 영양분인 셈이다. 쌀이나 옥수수처럼 전분의 형태로 저장하는 것, 콩류처럼 단백질의 형태로 저장하는 것, 참깨나 유채씨처럼 지질의 형태로 저장하는 것 등, 식물마다 다양한 형태로 영양분을 저장한다.

오가 연꽃과 종자의 수명

다음 세대를 남기기 위해 소중히 만들어낸 종자를 다양한 방법으로 산포하지만, 문제는 종자가 도달한 지점의 환경과 종자의 수명이 좋은 궁합을 보이느냐다.

미루나무(포플러)는 아주 작은 종자를 대량으로 만들어내는데, 그 종자는 보송보송한 솜털에 감싸여 멀리까지 날아갈 수 있다. 착지한 장소가 발아 환경과 잘 맞는다면 금방이라도 싹을 틔우지만, 그리 쉽지만은 않다. 미루나무의 종자는 수명이 며칠밖에 안 되기 때문이다. 온 세상이 미루나무로 뒤덮이지 않는 이유다.

반대로 연꽃의 종자는 수명이 길기로 유명하다. 2,000년 전의 야요이 시대 유적에서 발견된 연꽃의 종자를 오가 이치로 박사가 발아시킨 오가 연꽃이라는 품종이 있을 정도다.

현재 노르웨이의 한 섬에 종자 은행이 만들어지고 있다. 이런저런 이유로 식물이 멸종해버렸을 때를 대비해 450만 종의 종자를 저장해놓는다는 목표 아래 수집 작업이 진행 중이다.

식물의 자손을 남기기 위해 인간이 지혜와 힘을 결집하고 있는 셈이다.

07

은행나무는
아주 먼 옛날부터 존재했다?

소나무, 은행나무, 소철나무 등, 현존하는 종류가
그리 많지는 않은 겉씨식물. 어떤 식물인지 살펴보자.

살아 있는 화석을 가로수로

살아 있는 화석이라는 말을 들어본 적이 있는가? 먼 옛날에 존재했다고 여겨지는 생물 가운데 현재도 생존하고 있는 생물을 살아 있는 화석이라고 한다. 가령 실러캔스는 화석으로만 발견되던 어류의 일종인데, 마다가스카르 제도의 앞바다에서 어부들이 이 어류에 대해 평범하게 취급하는 것을 보고 '멸종한 것이 아니었단 말인가?'라며 놀라서 찾기 시작한 결과, 살아 있는 실러캔스를 발견하게 되었다. 또한 일본에서는 흔하게 볼 수 있는 가로수인 은행나무도 살아 있는 화석으로 불린다. 먼 옛날의 화석으로 지금과 거의 차이가 없는 은행나무가 발견되었기 때문이다.

은행나무는 육상에서 생활하는 식물 가운데 몸의 구조가 오래된 유형의 대표적인 존재다. 식물의 잎의 구조가 '그물맥(망상맥)과 나란히맥(평행맥)' 중 한 가지라고 배운 적이 있을 것이다. 그런데 실제로 은행나무의 잎을 보면 그물맥도 나란히맥도 아니라는 사실에 깜짝 놀라게 된다. 은행나무의 잎맥은 두 갈래로 나뉘어 있어서 차상맥이라고 한다.

'꽃'의 구조도 특징적이다. 은행나무는 겉씨식물이라는 식물의 부류에 속한다. 원시적인 꽃을 가진 식물의 부류로, 종자가 되는 근원 부분(밑씨)이 드러나 있다. 한편 밑씨가 씨방이라는 것으로 둘러싸여 있는 식물은 속씨식물이라고 한다.

종자를 만들어 자손을 남긴다는 관점에서 보면 겉씨식물은 속씨식물보다 불리한 것처럼 생각된다. 밑씨가 드러나 있다는 말은 기껏 만든 종자가 그대로 드러나 있어서 손상될 위험성이 높다는 뜻이기 때문이다.

은행과 버찌

은행나무의 종자는 은행이라고 하며, 식재료로도 사용된다. 가

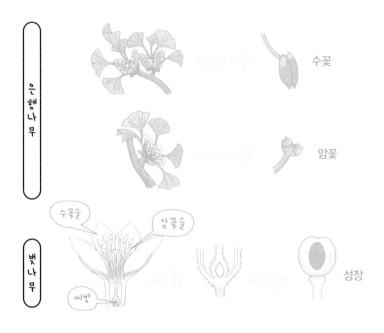

은행나무

수꽃

암꽃

벚나무

수꽃술

암꽃술

씨방

성장

을에 은행나무의 잎이 노랗게 물든 무렵이 되면 암나무에는 은행이 열린다. 마치 노란색 버찌처럼 생겼는데, 씨방 없이 밑씨가 그대로 드러나 있을 터인 은행나무에 왜 버찌 같은 과육이 있는 것일까?

벚나무는 속씨식물이므로 씨방에 둘러싸인 밑씨가 생장해 딱딱한 껍질에 둘러싸인 종자가 생겨난다. 즉, 우리가 먹는 과육 부분은 밑씨를 감싸고 있던 씨방이다. 이것을 보면 은행의 구조는 더더욱 신기하게 생각된다. 아무래도 형태는 비슷하지만 실제로는 전혀 다른 모양이다.

사실 은행은 그 전체가 종자다. 버찌의 경우, 과육에 해당되는 부분은 외종피, 딱딱한 종자에 해당되는 부분은 내종피라고 한다. 은행의 외종피는 특유의 고약한 냄새를 풍기며 맨손으로 만지면 옻이 오를 수도 있기 때문에 채취할 때 주의가 필요하다.

그 밖의 겉씨식물들

식물계 전체에서 겉씨식물의 부류가 차지하는 비율은 매우 낮다. 일반적으로는 소나무와 삼나무, 소철나무, 은행나무, 그네툼 등의 부류뿐이며, 현재 750종밖에 되지 않는다.

육상에서 생활하는 식물은 관다발을 가져서 건조를 견뎌낼 수 있게 된 고사리 등의 양치식물에서 진화했다고 생각되고 있다. 분열을 통해 증가하던 시대에서 포자를 사용한 생식 방법으로 진화했고, 나아가 종자를 사용한 생식 방법으로 크게 전환해왔다.

양치식물의 포자는 잎 뒤쪽의 포자낭 속에서 만들어진다. 이것이 종자의 유래라는 말은 종자를 만드는 꽃의 유래가 잎이라는 의미이다. 또한 양치식물의 포자는 발아하면 작은 하트 모양의 전엽체를 만든다. 그곳에서 정자와 알을 만들고 수정시켜 어린 고사리가 탄생하는 것이다. 종자식물은 이것을 먼저 암꽃과 수꽃으로 완성시켰으며, 다음에는 하나의 꽃에 암꽃술과 수꽃술로 수납시킨 것으로 추정되고 있다.

08

이끼와 고사리는
어떻게 자손을 늘릴까?

이끼식물과 양치식물은 꽃을 피우지 않는다.
그렇다면 어떻게 자손을 남기고 있는지, 그 진화 과정을 따라가보자.

육상 식물의 조상

우리의 주변에는 다양한 이끼와 고사리가 자라고 있다. 일본에는 6,500종 이상의 종자식물이 살고 있는데, 이끼식물과 양치식물의 종류도 각각 약 1,700종과 약 1,000종에 이른다. 그만큼 다양한 이끼식물과 양치식물이 존재하는 것이다. 그런 이끼식물과 양치식물은 어떻게 진화해왔을까?

육상 식물의 조상은 조류(藻類)로 생각되고 있는데, 사실 조류에는 매우 다양한 그룹이 있다. 조류는 이끼식물, 양치식물, 종자식

차축조

5mm

일본 각지의 호수와 논 등에서 자란다.
다른 일본산 차축조류와 마찬가지로 멸종 위기에 놓여 있다.

물 이외의 광합성을 하는 생물의 총칭이기 때문이다. 원핵생물인 남세균부터 진핵생물인 단세포 생물, 해조 등의 다세포 생물까지, 실로 다채로운 부류가 존재한다.

지금으로부터 약 30억 년 전에 남세균의 부류가 탄생했고, 이윽고 바다 속에 다양한 조류가 살게 되었다. 그러다 조류에서 분기해 육상 식물이 탄생한 시기가 약 5억 년 전이다. 육지 상륙에 성공한 식물은 녹조식물의 부류인데, 현존하는 차축조류의 조상으로부터 탄생한 것으로 생각되고 있다.

이끼식물과 양치식물

육상 진출에 성공한 선조 식물로부터 이끼식물, 이어서 양치식물이 탄생했다. 이 둘은 겉모습의 특징이 각기 다르지만, 여기에서는 자손을 남기기까지의 생활 사이클에 주목해보려 한다.

우리가 보는 이끼식물의 본체, 즉 녹색을 띤 부분을 배우체(配偶體)라고 한다. 배우체에서는 암수의 번식 기관이 생겨 배우자(配偶子)로서 정자와 난자가 만들어진다. 이윽고 수정을 하면 수정란은 배우체 위에서 성장해 포자체가 되어서 위로 곧게 뻗으며, 그 끝에 삭이 생긴다. 포자낭 속에서는 감수 분열이 일어나 포자가 만들어진다.

한편, 우리가 보는 양치식물의 본체는 포자체다. 양치식물의 잎 뒤쪽에서 포자낭이 성숙해 그곳에서 포자가 만들어진다. 이윽고 바람에 날아간 포자는 착지한 곳에서 발아해 전엽체라고 부르는 배우체가 된다. 전엽체에서는 암수의 번식 기관이 생겨난다.

이와 같이 이끼식물은 본체가 배우체인 데 비해 양치식물은 본체가 포자체다.

포자를 날려서 수를 늘린다

이끼식물과 양치식물에는 공통되는 특징도 있다. 포자로 번식하는 식물이라는 점이다. 같은 식물이어도 꽃을 피우고 종자로 수를 늘리는 종자식물과는 확연히 다르다. 바람을 타고 날아간 포자

식물의 포자체와 배우체의 관계

	차축조 (녹조)	이끼식물 (선류)	양치식물	겉씨식물	속씨식물
포자체		삭 포자체			
배우체			전엽체	배낭과 꽃가루	

는 발아해서 체세포 분열을 반복하며, 이윽고 배우체가 형성되고 정자와 난자가 수정되어 다음 세대를 짊어질 새로운 개체가 탄생한다.

포자를 뒤덮는 물질을 스포로폴레닌이라고 하는데, 잘 분해되지 않는 고분자다. 이 물질은 균류의 기생이나 건조를 견뎌내는 작용을 한다. 포자를 튼튼하게 만듦으로써 그 분포를 넓히는 데 공헌하고 있다고 추정된다.

그런데 앞에서 등장한 차축조류에는 스포로폴레닌이 포함되어

있다고 한다. 육상 식물의 진화를 생각할 때 흥미로운 사실일지도

모르겠다.

2

다양한
동물의 생태

09

포유류는
어떻게 탄생했을까?

'동물'은 언제 이 지구에 탄생했고
어떤 진화를 거쳐 포유류가 탄생하게 되었을까?

동물의 시초, 시초의 동물

현재까지 발견된 동물의 화석 중 가장 오래된 것은 아프리카 대륙 남부에 위치한 나미비아의 7억 6,000만 년 전 지층에서 발견된 오타비아 안티쿠아라는 동물의 화석이다. 아마도 해면(갯솜)과 비슷한 동물로서, 거대한 무리를 형성해 얕은 여울에서 정착 생활을 하며, 떠다니는 조류(藻類)를 먹고 살았으리라 추측되고 있다.

이후 6억~5억 5,000만 년 전에는 다양한 동물이 등장하게 된다. 이 동물들의 화석은 오스트레일리아의 에디아카라에서 발견되었는데, 같은 시대에 형성된 러시아나 캐나다의 지층에서도 같은 화석이 발견된 사실로 미루어볼 때 세계적으로 분포했던 듯하다. 이 시대에는 해파리처럼 생긴 네미아나나 팬케이크처럼 생긴 디킨소니아 등 납작하고 몸 전체가 말랑말랑한 생물이 번성했다. 이 시대에는 이런 동물들을 먹는 생물이 없었음을 의미한다. 껍질을 만들어 몸을 지킬 필요가 없었던 것이다.

생물의 폭발적 다양화가 일어난 캄브리아기

5억 4,000만 년~5억 3,000만 년 전이 되자 다양한 형태의 동물 화석이 등장한다. 유명한 화석 산지로는 캐나다의 버제스와 중국의 청장이 있다. 이 시기의 지층에서 다양한 종류의 동물 화석이 무더기로 발견되었는데, 이를 캄브리아기 폭발이라고 한다. 이 시기의 지층에서는 삼엽충처럼 딱딱한 껍질이 있는 동물의 화석이 많이 나오며, 이로 보아 강력한 포식자가 등장한 것으로 추측된다. 몸을 지키기 위해 딱딱한 껍질을 가질 필요가 발생한 것이다. 강력한 포식자로는 아노말로카리스가 있다. 중국의 청장에 있는 이 시대의 지층에서 2미터가 넘는 아노말로카리스가 발견된 것으로 보아 대형 육식 동물이었던 것 같다. 이런 포식자가 출현함으로써 습격하는 자와 습격당하는 자 사이에 처절한 싸움이 벌어졌

아노말로카리스

아델로바실레우스

피카이아

고, 이에 따라 동물들이 다양하게 진화했을 것이다.

　이렇게 해서 캄브리아기에는 삼엽충이나 아노말로카리스 같은 절지동물의 시조 외에도 우리 인간도 속하는 척삭동물의 선조인 피카이아 등 현존하는 동물의 선조가 대부분 등장하게 되었다.

멸종과 적응 방산을 반복하며

　캄브리아기 이후, 동물은 대량 멸종과 그 후의 부활을 반복하면서 다양한 종으로 분화되어갔다. 대량 멸종의 시대는 그 시대의 생물에게는 시련이었지만, 시련의 시대를 극복하고 살아남은 생물에게는 그전까지 번성했던 생물들이 사라짐에 따라 자신들이 살아갈 공간을 크게 넓힐 기회이기도 했다. 그리고 생물은 각각의 환경에 적응해 진화한다. 한 종류의 동물이 다양한 환경에 적응해 몸의 형태나 기능을 변화시키고, 그 결과 여러 종으로 나뉘어서 진화해가는 과정을 적응 방산이라고 한다. 지구상의 동물들은 역동적으로 대량 멸종과 적응 방산을 거듭해왔다.

포유류의 진화

현 시점에서 가장 오래된 포유류의 화석은 아델로바실레우스라는 동물의 것으로, 2억 2,500만 년 전의 지층에서 발견되었다. 당시는 거대한 양서류나 파충류가 활보하는 세상이었는데, 아델로바실레우스는 몸길이가 15센티미터 정도에 땃쥐와 비슷하게 생긴 작은 동물이었다. 난생의 항온 동물로, 벌레 등을 먹으며 살았던 것으로 추정된다.

파충류 가운데 일부가 거대해져서 공룡이 된 것과는 대조적으로 포유류는 작은 몸을 유지한 채 공룡의 세계에서 근근이 살아갔다. 그러는 사이에 태반을 만들어 몸속에서 새끼를 키우는 등 포유류로서 진화를 이뤄갔다. 그리고 공룡이 멸종하자 살아남은 포유류는 급속히 적응 방산해 오늘날과 같은 다양한 종류의 포유동물이 된 것이다.

10

인간은
어디에서 왔을까?

인류의 선조는 베이징 원인도, 네안데르탈인도 아니다.
그렇다면 대체 인류는 어디에서 왔을까?

유인원의 출현

약 6,500만 년 전(신세대), 나무 위에서 생활하는 동물이 출현했다. 바로 원원류(원시적인 영장류)로, 나무에서 나무로 정확히 옮겨 다니려면 사물을 입체적으로 파악하는 능력(입체시)이 필요했기 때문에 두 눈이 앞쪽으로 이동했다. 또한 나뭇가지를 잡기 위해 팔의 운동 기능이 발달하고 엄지손가락과 다른 손가락이 마주보는 형태가 되었으며, 손에는 미끄러짐을 방지하기 위한 지문과 손금이 생겼다. 여기에 감각과 운동의 중추로서 대뇌가 발달했으며,

두개골의 형태도 변화해 비강이 일직선인 진원류가 등장했다.

그 뒤, 환경의 변화 등에 따라 생활 장소를 삼림에서 초원까지 확대한 자들이 나타나게 되었다.

직립 이족 보행을 하는 원인(猿人)의 출현

약 400만 년 전에 남아프리카에서 생존했던 오스트랄로피테쿠스('남쪽의 원숭이'라는 뜻)는 두개골 바로 아래에 등뼈가 연결되어 있고 골반으로 이어지는 대퇴골이 몸의 중심을 향한다는 점에서 직립 이족 보행을 했음이 화석 연구 결과 밝혀졌다. 또한 발자국 화석도 이들이 직립 이족 보행을 했음을 드러낸다.

약 240만 년 전에는 현생 인류의 직계 조상에 해당되는 호모 하빌리스('손재주가 좋은 사람'이라는 뜻)가 등장했는데, 이들은 석기를 사용했으며 육류 등을 먹고 살았다. 또한 약 150만 년 전에 출현한 베이징 원인 등의 호모 에렉투스(원인原人)는 불을 사용해서 음식을 조리해 먹었다.

현생 인류의 조상

약 25만 년 전이 되자 우리와 같은 종인 호모 사피엔스가 출현한다. 네안데르탈인(구인류, 고대 사피엔스)은 석기를 능숙하게 사용

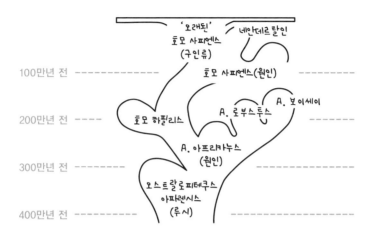

현대 호모 사피엔스(신인류)

'오래된'
호모 사피엔스
(구인류)

네안데르탈인

100만년 전 -------------- 호모 사피엔스(원인) --------------

A. 보이세이

A. 로부스투스

200만년 전 ---- 호모 하빌리스

A. 아프리카누스
(원인)

300만년 전 --------

오스트랄로피테쿠스
아파렌시스
(루시)

400만년 전 --------

하고 죽은 자를 매장하는 등 고도의 문명을 구축했지만 3만 5,000
년 전에 멸종되었다고 전해진다.

그렇다면 우리 인간(현생 인류)은 어디에서 왔을까? 약 20만 년
전에 크로마뇽인(신인류, 현대 호모 사피엔스)에서 진화했다고 추정
되고 있다. 같은 시대에 함께 살았던 네안데르탈인과 크로마뇽인
사이에는 혈연관계가 없었고, 우리의 조상은 네안데르탈인과 혈
연관계가 없다는 사실이 미토콘드리아 DNA를 비교한 결과 밝혀
졌다. 또한 게놈 분석 결과 아프리카에서 출현한 현대 호모 사피
엔스가 전 세계에 분포한 다양한 인종을 형성한 것으로 파악되었

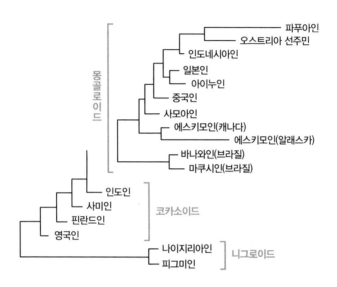

인종의 유연 관계도

데이터 등을 통해 추론한 인류의 유연 관계도

다. 우리 동양인이 베이징 원인의 자손이라는 기존 학설도 부정되었다.

그렇다면 인류란?

인간은 모두 약 20만 년 전에 출현한 공통의 선조로부터 유래했으며, '척삭동물문, 포유강, 영장목, 사람과, 사람족, 사람종'이라는 생물학상의 동일종에 속한다. 따라서 인종이란 동일 종인 인류를 더욱 작은 집단으로 구분한 뒤, 체격과 피부색, 머리카락 등 유전되는 다양한 신체 특징에 입각해 코카소이드(유럽 인종), 몽골로이드(아시아 인종), 니그로이드(아프리카 인종)라는 3대 인종으로 나눈 것이다.

11

아름다운 공작새의 날개는
진화의 증거?

우리 자신에게는 진화가 일어나지 않는다.
진화는 세대를 거치면서 일어나는 현상이다.

피카츄는 진화하지 않는다

포켓몬스터의 피카츄는 진화하면 라이츄가 된다. '공격', '방어' 등의 종족값이라고 부르는 수치도 상승한다. 그러나 생물학적으로 봤을 때 이것은 성장 또는 변태라고 한다. 개체가 아무리 급격하게 모습을 바꾸거나 능력이 변화했더라도 그것은 진화가 아니라는 말이다. 가령 애벌레가 번데기가 된 뒤 나비가 되는 과정을 생각해보자. 애벌레가 이윽고 나비가 되는 변화는 모르고 볼 경우 상상도 되지 않을 만큼 극적이지만, 개체의 성장과 함께 일어나는 일인 것이다.

그렇다면 진화란 무엇일까? 예를 들어 여기에 어떤 나방의 집단이 있다고 가정해보자. 이 나방 중에는 몸의 색이 검은 것과 흰 것이 있다. 그리고 이 나방이 살고 있는 환경에는 시커먼 연기를 뿜어내는 커다란 공장이 있어서 거리의 흰 나무들도 그 매연 때문에 모두 시커멓게 되었다. 이런 환경에서 사는 이 나방의 집단에서는 검은 놈이 7마리이고 흰 놈이 2마리였다(다음 그림의 왼쪽). 몸이 검은 편이 나무에 앉았을 때 눈에 잘 띄지 않아 천적에게 습격당할 위험성이 적기 때문이다.

어떤 형질의 개체가 도태될 가능성이 높은지는 환경에 따라 달라진다

이윽고 시간이 흘러 몇 세대가 지나갔다. 그 사이 이 나방의 집단이 사는 환경에서는 공장의 매연이 사라짐에 따라 나무들이 본래의 흰색을 되찾았다. 그러자 이번에는 흰 나방이 눈에 잘 띄지 않아 새들에게 잘 잡아먹히지 않게 되었고, 반대로 검은 나방은 눈에 잘 띄게 되어 새들에게 잡아먹히기가 쉬워졌다. 그 결과 검은 나방이 2마리, 흰 나방이 7마리가 되었다. 검은 개체가 환경에 적합하면 그 개체가 살아남아 더욱 많은 자손을 남기게 되므로 집단에서 검은 개체의 수가 증가한다. 또한 흰 개체가 환경에 적합하면 그 자손이 생존에 유리하므로 집단에서 흰 개체의 수가 증가한다.

이와 같이 세대를 거치면서 유전적인 특징의 비율이 변화하는 과정을 '진화'라고 한다.

여러 가지 진화의 요인

그렇다면 유전자 특징의 비율은 왜 변화하는 것일까?

먼저, 돌연변이가 일어나기 때문이다. 돌연변이를 통해 그때까지 그 집단에 없었던 유전자가 탄생한다. 단 하나라도 돌연변이가 발생하는 것은 매우 중요하다. 그리고 앞의 예에서 살펴봤듯이 환경에 적응한 개체가 살아남는다. 이것이 '자연 선택'이다.

또한 이성에게 인기 있는 유전자가 있다면 그것은 계속 증가한다. 가령 공작새의 날개가 그렇게 아름다운 이유는 날개가 아름다운 수컷일수록 암컷에게 인기가 많아서 다음 세대에 그 유전자를 많이 남길 수 있었기 때문이라고 추정된다. 또한 바다코끼리의 송곳니도 싸움에서 승리한 수컷이 자손을 많이 만들 수 있었기에 커진 것으로 생각된다. 이처럼 암컷이 힘이나 아름다움을 기준으로 짝짓기 상대를 선택함으로써 유전적인 특징이 변화해나가는 과정을 '성 선택'이라고 한다.

세대를 거치면서 이와 같은 다양한 요인을 통해 변화가 일어나는 것이다.

진화는 우연히 일어난다? – 중립설의 세계

또한 그 유전자가 자손에게 전해질지 여부는 '우연'이라는 요소도 크게 관여한다. '우연'을 통해서 진화가 일어난다는 설을 '중립설' 또는 '중립 진화 이론'이라고 하며, 생물학자인 기무라 모토오가 세계 최초로 제창했다.

당시는 '적자생존', '약육강식' 같은 개념이 진화론의 세계를 지배하고 있었던 까닭에 '우연히' 진화가 일어난다는 중립설은 상당한 논란을 불러일으켰다. 그러나 유전자의 돌연변이가 일어났지만 그 변이가 유리하지도 불리하지도 않을 경우(중립적인 변이), 그 돌연변이 유전자가 우연히 집단에 퍼질 때가 있음이 밝혀졌다. 이 것은 환경 적응을 위해서가 아니므로 우연히 증가했다고 생각할 수밖에 없다. 이와 같은 증거가 축적됨에 따라 중립설은 현재 통 설이 되었다.

12

기린의 목은
왜 그렇게 길까?

기린의 목이 긴 이유는 무엇일까? 어떻게 진화한 것일까?
이 의문에 대한 선조들의 생각과 현대 진화 연구의 한 단면을 살펴보자.

진화란?

생물은 어떻게 진화해 왔을까?

유전 정보인 DNA의 문자열을 해독함에 따라 이에 대해 어느 정도는 알게 되었다. 유전자가 복제되어 자손에게 전달되는 과정에서 DNA의 복제 실패나 재편성이 일어나 돌연변이 등 유전자의 변화가 축적되며, 이때 선조와 다른 형질을 가진 자손이 일정 비율 이상 나타났을 경우 '진화'가 된다.

만약 생물에게서 DNA의 변이가 일어나지 않고 최초의 생명으로부터 지금까지 계속 DNA가 완벽하게 복제되어 왔다면 생물은 변화하지도 않았을 것이며 진화도 일어나지 않았을 것이다.

라마르크의 용불용설과 다윈의 자연 선택설

'지구상에 존재하는 복잡하고 다양한 생물들은 어떻게 탄생한 것일까?'

유전자의 본체가 DNA임을 알게 되기 이전부터 이 어려운 문제를 풀기 위해 궁리를 거듭한 사람들이 있었다. 여기에서는 목이 긴 기린을 예시로 자주 비교되는 장바티스트 라마르크(1774~1829)와 찰스 다윈(1809~1882)의 진화론을 살펴보자.

프랑스의 장바티스트 라마르크는 '용불용설'과 '획득 형질의 유전'으로 유명하다. 그는 '풀도 자라지 않는 아프리카의 건조 지대에 서식하던 기린의 조상은 본래 목이 짧은 동물이었는데, 먹이인 나뭇잎을 먹기 위해 끊임없이 목을 길게 뻗어야 했다. 세대를 거치면서 오랜 세월 동안 목을 길게 뻗기를 계속한 결과 목이 조금씩 늘어났고(용불용설), 그 형질이 자손에게 유전되어(획득 형질의 유전) 서서히 목이 긴 기린으로 진화했다'라고 추정했다.

한편 찰스 다윈은 자연 선택설(《종의 기원》 제7판)에서 '기린의 선조 중에는 목의 길이가 다양한 개체가 있었는데, 목이 긴 개체는

기린의 예를 통해 비교한 다윈과 라마르크의 진화론

목이 짧은 개체보다 쉽게 먹이에 도달할 수 있었던 까닭에 생존과 번식에 더 유리했다. 그리고 몇 세대가 지나자 생존에 유리한 개체만이 살아남았다'라고 추정했다. 다윈과 앨프리드 러셀 월리스(1823~1913)가 이끌어낸 이 자연 선택설(자연도태설이라고도 한다)은 지금도 진화를 설명할 때 중요한 개념이다.

분자 샤페론이 진화를 돕는다!?

최근 연구에서는 DNA에 돌연변이가 일어나더라도 즉시 개체에 변화가 나타나지는 않는다는 사실이 밝혀졌다. '분자 샤페론(Chaperone: 본래는 젊은 여성이 사교계에 데뷔할 때 시중을 드는 사람을 의미한다. 생합성을 통해 새로이 만들어지는 단백질의 데뷔를 사교계 데뷔에 비유해, 단백질의 시중을 드는(재접힘리폴딩을 돕는) 분자에 샤페론이라는 이름을 붙였다)'이라는 단백질이 돌연변이를 일으킨 단백질의 형태나 기능을 보호함으로써 돌연변이에 따른 문제나 형질의 변화를 감춰준 것이다. 분자 샤페론은 본래 단백질이 세포 속에서 만들어지거나 열 등에 손상을 입었을 때 염주 모양으로 아미노산이 연결된 단백질이 엉클어지지 않도록 올바르게 다시 접는 것을 돕는 일을 한다.

시카고 대학교의 수잔나 러더퍼드와 수전 린드퀴스트는 초파리의 분자 샤페론을 활동하지 않도록 만들면 높은 비율로 눈과 다리, 날개 등 온갖 부위에 이상이 있는 파리가 출현한다는 사실을 발견했다. 이것은 이미 DNA에 수많은 돌연변이가 축적되어 있으며, 분자 샤페론이 표면적으로는 변이가 나타나지 않도록 감추고 있었음을 말해준다. 그래서 분자 샤프론의 활동을 중지시키자 그 변이가 표면화돼 본래와는 다른 형질(기능 변화)이 나타난 것이다.

이 분자 샤페론의 연구 결과에 입각해서 기린의 목의 진화를 생각하면, 기린의 목은 서서히 길어진 것이 아니라 샤페론이 단백질의 기능을 보호한 결과 한동안은 목의 길이가 유지된 채 돌연변이의 축적이 진행되었으리라 생각된다. 그리고 어느 순간 환경 변화 등으로 샤페론의 기능이 저하되자 단숨에 형질이 변화했고, 그중에서 목이 긴 기린이 출현해 살아남았다고 생각할 수 있다. 이렇게 보면 지구상에 존재하는 생물의 다양성은 사실 분자 샤페론이 만들어낸 것인지도 모른다.

$$13$$

먼 옛날부터
오늘날까지 살고 있는 어류

지느러미를 사용해서 일어서고 폐로 호흡을 할 수 있게 된 어류가
육상으로 진출해 양서류로 변화했다.

물고기는 턱부터 진화했다?

일본 사람들의 사랑을 받는 식재료인 뱀장어. 그런데 사실 우리가 흔히 보는 뱀장어 말고도 장어라는 이름이 붙은 생물들이 존재한다. 무태장어나 유럽뱀장어 등 뱀장어과에 속하는 종류 이외에도 전기뱀장어나 논장어(드렁허리) 등 생김새는 닮았지만 과(科)나 목(目)이 다른 종류도 있다. 그중에서도 칠성장어나 먹장어(곰장어)의 부류는 뱀장어와 크게 다르다. 양쪽 모두 일본 은해에 서식하며 뱀장어처럼 길쭉하게 생겼다. 그러나 칠성장어와 먹장어는 엄

밀히 말하면 어류가 아니며, 턱이 없기 때문에 무악류라고 한다. 무악류는 대부분 고생대에 멸종했고, 오늘날까지 살아남은 것은 원구류라로 부르는 칠성장어와 먹장어 정도에 불과하다.

무악류 이후 먹이를 깨물어서 부수는 강력한 턱을 획득하며 진화한 생물이 상어와 가오리 등의 연골어류다. 이들은 칼슘으로 구성된 딱딱한 뼈를 가지고 있지 않으며, 연골의 주성분은 콜라겐 또는 프로테오글리칸(콘드로이친도 이 부류다)이다.

그리고 어류가 천적이 많은 바다에서 신천지를 찾아 담수역으로 서식지를 확대한 결과 연골어류에서 경골어류로 진화가 일어났다고 추정된다. 미네랄 성분이 많은 바닷물과 달리 민물에는 몸에 필요한 미네랄이 부족하다. 그래서 칼슘 등의 미네랄 성분을 뼈에 축적함으로써 어류는 민물에도 대응할 수 있게 되어, 다양성을 늘려 나간 것이다.

자고 있을 때도 계속 헤엄쳐야 하는 숙명

어류는 아가미를 사용해서 숨을 쉰다. 아가미에는 나뭇가지 모양의 수많은 돌기가 붙어 있으며, 혈관이 잔뜩 모여 있다. 그 사이를 통과하는 물속에 녹아 있는 산소를 흡수해서 호흡하는 것이다. 물고기들은 아가미를 파닥파닥 움직여서 물의 흐름을 일으켜 호

물고기 아가미의 구조

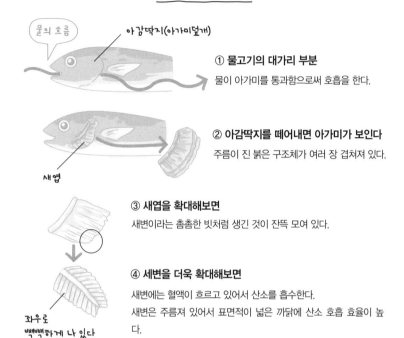

물의 흐름

아감딱지(아가미덮개)

① 물고기의 대가리 부분
물이 아가미를 통과함으로써 호흡을 한다.

새엽

② 아감딱지를 떼어내면 아가미가 보인다
주름이 진 붉은 구조체가 여러 장 겹쳐져 있다.

③ 새엽을 확대해보면
새변이라는 촘촘한 빗처럼 생긴 것이 잔뜩 모여 있다.

좌우로
빽빽하게 나 있다

④ 세변을 더욱 확대해보면
새변에는 혈액이 흐르고 있어서 산소를 흡수한다.
새변은 주름져 있어서 표면적이 넓은 까닭에 산소 호흡 효율이 높다.

흡한다. 설령 자고 있을 때도 정기적으로 아가미를 움직여 호흡을 한다.

그러나 다랑어처럼 스스로 아가미를 움직이지 못하는 물고기도 있다. 이들은 입을 벌리고 고속으로 헤엄침으로써 아가미에 물을 보내 호흡한다. 램제트 환수법(Ram-jet ventilation)이라는 이 방법의 경우, 자고 있는 동안에도 계속 헤엄을 치지 않으면 질식하고 만다. 다랑어는 살기 위해 끊임없이 헤엄쳐야 하는 숙명인 것이다. 다랑어의 살이 붉은 것은 계속 헤엄을 치기 위한 궁리다. 끊임없이 힘차게 헤엄칠 수 있도록 헤모글로빈이나 미오글로빈 같은 혈색소를 많이 함유해 근육량이 많은 몸을 만든 것이다.

여담이지만, 붉은 살처럼 보이는 연어는 흰 살 생선으로 분류된다. 연어의 살이 붉은 이유는 먹이인 새우와 게 종류의 아스타잔틴 색소 때문이다.

연어는 만능선수?

일반적으로 해수어와 담수어는 각자의 환경에서만 살 수 있다. 이것은 삼투압과 관련이 있다. 체액보다 삼투압이 높은 환경에서 사는 해수어는 염류를 적극적으로 배출하는 한편, 수분은 잃지 않도록 최대한 보존한다. 담수어는 그 반대로, 몸에 들어오는 수분을 적극적으로 배출하려 한다. 물고기들은 오줌의 양과 아가미의 염류세포 등을 이용해서 이 삼투압을 조절하고 있다.

그렇다면 연어는 어떨까? 강에서 태어난 연어는 바다에서 살다 이윽고 태어난 강으로 돌아간다. 연어의 부류는 삼투압을 조절하는 몸의 구조를 전환함으로써 민물에서 바닷물로 이동할 수 있다. 강 하구 부근의 민물과 바닷물이 섞이는 기수역에서 잠시 머물면서 몸의 구조를 전환하기 위한 준비를 한다. 그리고 민물에서 바닷물에 적응할 때 몸이 은색으로 바뀐다. 이를 은화(Smolt)라고 하며, 몸속의 나트륨 조절 기능을 해수 적응형으로 전환했다는 증거이다.

14

영원과 도마뱀붙이는
어떻게 다를까?

비호감으로 여겨지는 경우가 많은 파충류와 양서류.
어떤 차이가 있을까?

영원과 도마뱀붙이는 무엇이 다를까?

영원과 도마뱀붙이는 언뜻 보면 상당히 비슷하게 생겼다. 그러나 이 둘은 같은 척추동물 중에서도 상당히 다른 부류다. 영원은 피부가 미끄럽고 축축하며 물속이나 물가에 산다. 봄에는 물속에서 무리를 지어 번식한다. 한편 도마뱀붙이는 벽에 붙어서 재빠르게 움직이며, 피부도 거슬거슬한 느낌이다. 사실 영원은 개구리나 도롱뇽에 가까운 양서류의 일종이고, 도마뱀붙이는 도마뱀이나 뱀에 가까운 파충류의 일종이다.

물으로 올라온 물고기들

양서류는 지금으로부터 4억 년 정도 전에 어류에서 진화해 탄생한 것으로 추정된다. 물속에서 어류로서 진화해오던 척추동물이 육상으로 올라옴에 따라 공기 호흡을 하는 능력과 몸을 지탱할 사지, 건조를 견뎌낼 수 있는 피부가 필요해졌다.

그러나 양서류는 아직 충분히 육상에 적응했다고 말하기 어렵다. 개구리나 영원의 피부는 미끌미끌하거나 축축하다. 왜 좀 더 건조한, 물을 통과시키지 않는 피부가 되지 않았을까? 양서류는 심장이 2심방 1심실로, 심실이 하나밖에 없다. 그래서 온몸의 세포에 산소를 전달한 결과 산소의 양이 감소한 혈액과 폐에서 산소를 머금어 산소의 양이 증가한 혈액이 심실에서 뒤섞인 채 다시 폐와 온몸의 세포로 보내지게 된다. 다시 말해 온몸의 세포로 가는 혈액의 일부에는 산소가 들어 있지 않은 것이다. 그런 까닭에 산소를 충분히 전달받지 못하며, 부족한 분량을 피부 호흡으로 보충한다.

개구리의 피부를 노리는 항아리곰팡이

양서류의 약하고 얇은 피부에 기생하는 항아리곰팡이라는 곰팡이가 있다. 항아리곰팡이에 감염된 개구리는 피부가 두꺼워져서

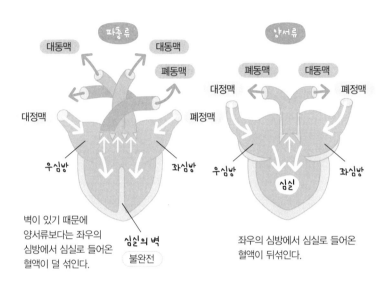

양서류의 심장과 파충류의 심장

파충류

대동맥 대동맥

폐동맥

대정맥 폐정맥

우심방 좌심방

벽이 있기 때문에
양서류보다는 좌우의
심방에서 심실로 들어온
혈액이 덜 섞인다.

심실의 벽

불완전

양서류

폐동맥 대동맥

대정맥 폐정맥

우심방 좌심방

심실

좌우의 심방에서 심실로 들어온
혈액이 뒤섞인다.

산소나 전해질을 잘 흡수하지 못하게 되기 때문에 죽고 만다. 중
남부 아메리카에서는 독개구리과 등 귀중한 종들을 멸종시킬 기
세로 피해가 확대되고 있다.

피부라는 갑옷을 몸에 두르고 세상으로

파충류는 양서류보다 건조한 육상에 잘 적응해, 육상의 다양한
장소로 진출했다. 물에서 벗어나지 못하는 양서류에 비하면 파충
류는 건조에 상당히 강해졌다. 크로커다일(악어의 일종)의 가죽으

로 만든 지갑을 떠올려보기 바란다. 두꺼운 비늘처럼 생겼을 것이다. 악어뿐만 아니라 뱀에도 도마뱀에도 비늘이 있다. 이렇게 물을 통과시키지 않는 피부를 가진 것도 육상의 건조한 환경에 적응할 수 있게 된 이유 중 하나다. 또한 이를 위해 심장도 양서류에서 진화했다. 폐로 가는 혈액과 온몸으로 가는 혈액을 나누는 벽이 생긴 것이다. 이에 따라 폐에서 더 많은 산소를 흡수할 수 있게 되어 피부도 더 단단해지고 강해졌다.

알껍데기 속에서 성장하기 위한 궁리

또한 알이 껍데기에 감싸이게 되었다. 개구리는 알을 물속에 낳지만, 파충류의 알은 육상의 건조한 곳에서도 안전하다. 알에 딱딱한 껍데기나 배막이라는 막이 있어서 물이 증발하지 않도록 보호해주는 덕분이다.

그런데 문제가 있었다. 양서류가 배설하는 암모니아나 요소는 물에 잘 녹으며 독성이 있다. 그런 까닭에 껍데기 속의 한정된 공간에서 발생하는 파충류의 경우 알 속에서 이 물질들의 농도가 높아지기 쉽다. 그래서 파충류는 질소를 요소가 아닌 요산이라는 물에 녹지 않는 물질로 만든다. 그러면 껍데기 속에서도 물을 더럽히지 않고 발생할 수 있기 때문이다.

이런 특징을 지님으로써 파충류는 사막 같은 극도로 건조한 곳까지 지구상 넓은 범위에 걸쳐 분포하게 되었다.

---（15）---

하늘을 나는 새의 비밀

새는 자유롭게 하늘을 날아다닌다.
전 세계를 날아다니는 철새도 있다.
새가 어떻게 하늘을 날 수 있는 것일까?

하늘 높이 날기 위한 몸의 구조

새의 신체에는 몇 가지 특징이 있다. 첫 번째 특징은 뼈다. 뼛속이 비어 있어서 가벼운데, 비어 있는 부분에 기둥 모양의 구조가 많아 충분한 강도를 확보했다. 이렇게 가볍고 강인한 뼈 덕분에 몸이 가벼워졌다.

두 번째 특징은 호흡기다. 폐의 앞뒤에 기낭이라는 주머니가 달려 있어서 그 기낭을 부풀리거나 쪼그라트림으로써 항상 폐에 공기가 흐르는 상태를 만든다. 폐에는 포유류의 폐포(허파꽈리) 같은

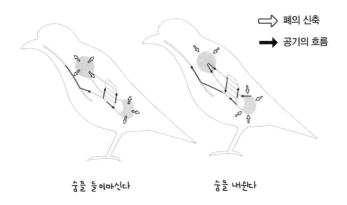

숨을 들이마실 때도 내쉴 때도 폐 속에 공기가 흐른다

⇨ 폐의 신축
➡ 공기의 흐름

숨을 들이마신다   숨을 내쉰다

주머니 형태의 구조가 없으며, 수많은 가는 관이 평행하게 지나간다(그림). 외부의 공기를 기낭에 들이마시고 기낭에서 내뱉을 때마다 공기가 이 가는 관 속을 흐르며, 이를 통해 고효율로 산소를 흡수하고 이산화탄소를 버린다. 덕분에 매우 효율적으로 유산소 운동을 할 수 있는 것이다.

또한 새의 심장은 2심방 2심실의 구조로 되어 있어서, 폐에서 산소를 잔뜩 머금고 돌아온 혈액을, 산소를 토해낸 정맥혈과 섞지 않고 온몸으로 보낼 수 있다. 이 구조를 통해 폐에서 흡수한 산소를 효율적으로 온몸에 보낸다.

세 번째 특징은 날개다. 새의 날개는 앞다리가 변화한 것으로,

안에 강인한 지골(가락뼈)이 들어 있어 날개를 지탱해준다. 표면에는 깃털이 변화한 칼깃이 나 있어 공기의 흐름을 적절히 제어하며 날 수 있다. 그리고 이 날개를 움직이기 위해 가슴 근육과 등 근육이 발달했다. 특히 가슴 근육은 몸무게의 약 15퍼센트를 차지하는데, 새의 가슴이 튀어나와 있는 이유는 바로 이 근육 때문이다.

가볍지만 강인한 뼈, 산소를 효율적으로 흡수할 수 있는 폐, 흡수한 산소를 온몸에 효과적으로 보낼 수 있는 심장, 그리고 날개의 구조까지, 새의 몸은 하늘을 날기에 적합하도록 진화했다.

북극에서 남극까지, 남극에서 북극까지 – 철새 이동의 비밀

새 중에는 장거리 비행을 하는 철새가 많다. 가령 극제비갈매기는 매년 북극권에서 남극권까지 약 3만 2,000킬로미터를 왕복한다. 쇠부리슴새도 약 3만 2,000킬로미터를 이동하며, 1만 킬로미터 이상을 쉬지 않고 비행한다.

철새는 어떻게 이 넓은 지구에서 자신의 위치와 날아갈 방향을 알 수 있는 것일까? 이에 관해 태양 나침반, 지자기 나침반, 별 나침반 등을 조합한다는 사실이 밝혀졌다.

먼저, 새에게는 태양이 어느 방향에 있는지 느끼는 편광이라는 능력이 있다. 그래서 태양이 떠 있는 동안에는 태양을 기준으로 삼아 자신의 몸에 지닌 체내 시계로 보정하며 위치와 방향을 감지한다. 다만 이것만으로는 흐린 날이나 밤에는 자신의 위치를 알 수가 없다. 그래서 태양빛을 이용할 수 없을 때는 지자기를 느낌으로써 자신의 위치와 방향을 감지한다.

또한 별의 위치를 이용한다는 사실도 밝혀졌다. 코넬 대학의 더글라스 엠렌은 캄캄한 방에서 자란 새(A그룹)와 북극성을 중심으로 회전하는 플라네타리움 안에서 밤하늘을 보면서 자란 새(B그룹), 오리온자리의 베텔게우스라는 별을 중심으로 회전하는 플라네타리움 안에서 밤하늘을 보면서 자란 새(C그룹)의 세 그룹을 대상으로, 이동 계절이 되자 북극성을 중심으로 회전하는 밤하늘을 보여줬다. 그러자 A그룹은 방향을 전혀 파악하지 못했고, B그룹은 북극성의 반대쪽, 다시 말해 정상적인 방향인 남쪽으로 날아갔으며, C그룹은 베텔게우스의 반대 방향으로 날아갔다. 새가 별의 회전을 통해 남북을 학습한다는 사실이 밝혀진 것이다.

그 밖에도 철새는 날아가면서 본 지형을 학습하는 등 다양한 정보를 활용해 자신의 위치를 알고 정확한 방향으로 이동한다.

젖으로 새끼를 키운다는
전략

모유는 갓 태어난 새끼에게 최적의 영양분이다.
알에서 태어났지만 어미의 젖을 먹고 자라는 동물도 있다.

알을 낳는 포유류

18세기 후반, 유럽의 동물학계를 대혼란에 빠뜨린 사건이 일어났다. 오스트레일리아에서 한 휘귀한 동물의 표본이 온 것이다. 그 동물은 오리 같은 부리를 가지고 있고, 발에는 물갈퀴가 달려 있으며, 꼬리는 비버와 매우 닮았고, 게다가 몸 전체에는 털이 나 있었다. 처음에 학자들은 세상에 이런 동물이 있을 리가 없다고 생각해 철저히 무시했다. 그러나 표본을 아무리 조사해봐도 몇몇 동물을 조합해서 만든 모조품이라는 증거가 나오지 않았고, 이에 아무래도 진짜 같다는 결론을 내리게 되었다. 그리고 그 동물에게 오리너구리라는 이름을 붙였다.

오리너구리는 강 속으로 잠수해 곤충이나 새우, 조개, 지렁이, 작은 물고기 등을 먹으며 산다. 평소에는 단독으로 생활하지만, 8월부터 10월의 번식기에는 암컷과 수컷이 만난다. 그리고 교미를 마치면 암컷은 강가에 만든 수십 미터 길이의 둥지 굴에서 약 17밀리미터 크기의 알을 1~3개 낳는다. 암컷이 품은 알은 약 10~12일 후에 부화하며, 알에서 태어난 새끼는 어미의 젖을 핥아먹으면서 성장하다 약 4개월 후에 어미로부터 독립한다.

오리너구리처럼 알을 낳는 포유류는 또 있다. 바늘두더지다. 바늘두더지는 오스트레일리아 대륙과 태즈메이니아 섬에 널리 분포하며, 뉴기니 섬에도 서식한다. 바늘두더지의 암컷은 6월부터 10월에 알을 1~3개 낳는데, 알의 크기는 지름 14~17밀리미터로 대략 메추리알과 비슷하다. 알은 약 10일이면 부화하며, 태어난 새끼는 바늘이 자라기 시작할 때까지 어미의 육아 주머니 속에서 생활한다. 육아 주머니를 나온 뒤에도 약 6개월 동안은 어미의 젖을 먹고, 태어난 지 약 1년이 지났을 때 어미 곁을 떠나 독립한다. 오리너구리도 바늘두더지도 어미에게 젖꼭지가 없기 때문에, 부화한 새끼는 어미의 유선에서 새어 나오는 크림 형태의 젖을 핥아먹으며 성장한다.

오리너구리와 바늘두더지는 포유류 중에서도 '단공류'라는 부류로 분류된다. 소변도 대변도 새끼도 전부 하나의 구멍(총배설강)에서 나오기 때문에 이런 명칭이 붙었다. 요도와 항문과 생식기가 분화되어 있지 않은 것이다. 이 점은 어류와 양서류, 파충류, 조류도 마찬가지다. 소변과 대변과 새끼가 각각 다른 구멍에서 나오는 것은 진화한 포유류의 특징이다. 단공류는 거의 멸종해, 현재는 오리너구리와 바늘두더지만이 남아 있다.

주머니를 가진 포유류

오스트레일리아와 남아메리카에는 지금도 새끼를 키우기 위한 주머니를 가진 '유대류'가 살고 있다. 캥거루와 코알라만이 아니다. 포섬, 주머니고양이, 태즈메이니아데빌 같은 동물도 유대류다. 또한 과거에는 주머니사자와 주머니늑대도 있었다.

'유대류'는 태반을 만드는 구조를 갖고 있지 않다. 그래서 갓 태어난 새끼는 어미의 총배설강에서 나오면 육아 주머니까지 자신의 힘으로 기어 올라가 어미의 젖꼭지를 문다. 캥거루도 코알라도 갓 태어난 새끼의 몸무게는 고작 0.5~1.0그램밖에 안 된다.

과거에는 세계 곳곳에 유대류가 분포했다. 그러나 태반을 가져

자궁 속에서 새끼를 충분히 키운 다음 출산하는 진수류가 출현하자 경쟁에서 밀려나, 현재는 오세아니아와 남아메리카에만 살고 있다.

전 세계로 퍼져 나간 포유류

포유류가 탄생한 시기는 공룡과 거의 같은 시대, 즉 중생대의 트라이아스기다. 그러나 한동안은 육지도 바다도 하늘도 모두 파충류가 지배하는 세상이었다. '거대한 공룡이 땅을 뒤흔들며 지나가는 모습을 소철나무 그늘에 숨어서 바들바들 떨며 지켜본다.' 이것이 당시 우리 포유류 조상들의 모습이었을 것이다.

이처럼 포유류는 1억 년이 넘는 세월 동안 그늘 밑 존재에 불과했지만, 대형 파충류가 멸종하면서 마침내 빛을 보게 된다. 대형 파충류들의 생활공간과 식량이 이제 포유류의 차지가 된 것이다. 포유류는 털을 가짐으로써 항상 체온을 일정하게 유지하는(항온성) 구조를 갖췄다. 이에 따라 외부 세계의 온도에 좌우되지 않고 민첩하게 움직이게 되었고, 뇌의 활동도 활발해져갔다. 여기에 젖으로 새끼를 키움으로써 더욱 안전한 육아가 가능해졌고 자궁과 태반 같은 구조까지 갖게 되었으니, 포유류의 번성은 따놓은 당상이었다.

가슴을 두근거리게 하는
공룡의 세계

공룡의 세계,
사람들을 사로잡는 수많은 수수께끼와 놀라움으로 가득한 세계다.

중생대

공룡이 탄생한 시기는 중생대라는 시대로, 지금으로부터 2억 5,200만 년 전~6,550만 년 전까지 계속되었다. 공룡이 등장한 때는 2억 3,000만 년 전이므로 1억 6,450만 년이나 공룡의 시대가 이어진 셈이다. 우리 호모 사피엔스가 지구상에 출현한 때가 약 20만 년 전임을 생각하면 공룡의 시대가 얼마나 길었는지 알 수 있다. 이 시대는 다시 세 시대로 나뉜다. 오래된 시대부터 순서대로 트라이아스기, 쥐라기, 백악기다.

중생대는 현재보다 지각 변동이 격렬했던 것으로 보인다. 활발한 화산 활동으로 대량의 이산화탄소가 대기에 공급된 결과, 중생대의 이산화탄소 농도는 현재(약 0.04퍼센트)의 10배가 넘었을 것으로 추정된다. 그리고 이산화탄소의 농도가 이렇게 높았던 탓에 중생대는 현재보다 평균 기온이 섭씨 10~15도나 높았을 것이다.

이런 온난한 기후 덕분에 다양한 양치식물과 소나무, 삼나무, 은행나무 등의 겉씨식물이 번성했다. 또한 백악기 초기에는 속씨식물도 출현했으며, 백악기 후기가 되자 겉씨식물이 폭발적으로 다양해졌다는 사실이 화석 연구를 통해 밝혀졌다.

트라이아스기는 전반적으로 건조한 시대여서, 대륙의 내부에는 광대한 사막이 펼쳐져 있었다. 그러나 쥐라기가 되자 초대륙 판게아가 북쪽의 유라시아 대륙과 남쪽의 곤드와나 대륙으로 분류되면서 습윤한 계절과 지역도 생기게 되었다. 그리고 백악기가 되자 양 대륙이 더욱 분열을 반복함에 따라 다양한 환경이 출현한 것으로 추정된다.

폭군룡 티라노사우루스

공룡이라는 말을 들었을 때, 머리에 가장 먼저 떠오르는 것은 아마도 티라노사우루스나 아파토사우루스(과거에는 브론토사우루스라고도 불렸다)가 아닐까 싶다. 또는 하늘을 날아다니는 프테라노돈이나 대해를 헤엄치는 플레시오사우루스일지도 모른다.

티라노사우루스는 몸길이 12미터, 몸무게 8톤으로, 지금으로부터 약 7,000만 년 전의 백악기 후기에 등장한 사상 최대·최강의 육식 공룡으로 전해진다. 위아래 턱에는 길이가 20센티미터나 되는 단검 같은 이가 나란히 나 있었다. 티라노사우루스는 무리로부터 떨어져 나온 오리너구리 공룡(하드로사우루스) 등을 발견하면 즉시 먹잇감을 추격해 몸통 박치기를 한다. 그리고 충격에 쓰러진 먹잇감을 강인한 뒷발로 억누른 뒤 목덜미를 물어 경추를 절단했으리라 추측된다. 이렇게 해서 처치한 먹잇감의 목에서 뿜어 나오는 혈액을 핥은 뒤, 복부를 물어뜯어 간과 장을 꺼내서는 순식간에 먹어치웠을 것이다. 미국의 고생물학자인 그레고리 M. 에릭슨 등이 연구를 통해 산출한 바에 따르면, 티라노사우루스의 수명은 30년이 채 안 됐을 것이라고 한다.

공룡은 살아 있다?

사실 공룡은 익룡, 어룡, 수장룡 등을 포함하지 않는 독립된 분류군으로 정의된다. 공룡류의 가장 두드러진 특징은 '직립 보행에 적합한 골격을 가진 파충류' 또는 '몸 아래로 다리가 곧게 뻗은 파충류'라는 것이다(그림).

직립 보행이란 다리가 관절로 굽혀져 있지 않고 곧게 서 있는 상태다. 가령 도마뱀은 관절을 굽혀서 보행을 하지만, 트리케라톱스는 관절을 굽히지 않고 똑바로 직립 보행을 한다. 이 정의에 따르면 조류는 공룡의 일부이며, 백악기 말에 멸종한 공룡의 후예인 셈이 된다. 최근에 중국에서 조류의 선조 또는 친척이 되는 깃털 공룡이 다수 발견됨에 따라 조류는 공룡의 자손으로 거의 인정받게 되었다.

공룡의 세계에 관해서는 앞으로도 우리를 놀라게 하는 연구 성과가 계속해서 발표될 것이다.

공룡의 다리와 파충류의 다리

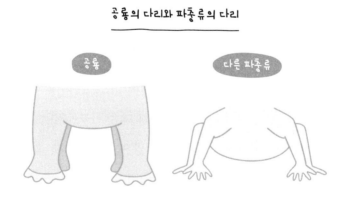

파충류의 대부분은 다리가 옆으로 뻗어 있지만 공룡의 다리는 몸 아래로 곧게 뻗어 있다.

---

(18)

동물계의 최대 파벌은
무엇일까?

우리 주위에는 수많은 절지동물이 있다.
생태계에서 수가 가장 많은 절지동물은 어떤 동물일까?

동물계 최대 파벌

　현재 생물의 분류 방법은 다양하며, 동물계에도 수많은 그룹이 있다. 이를테면 우리 인간처럼 등뼈를 가진 척주동물 그룹, 문어처럼 유연한 몸을 가진 연체동물 그룹 등이다. 그런 동물계에서 가장 종류가 많은 그룹은 무엇일까? 바로 절지동물이다. 동물계에서는 지금도 계속해서 새로운 종이 발견되고 있는데, 절지동물은 현재 동물계의 무려 85퍼센트를 차지하고 있다고 알려져 있다.

우리 주변의 절지동물

그렇다면 절지동물은 어떤 동물일까? 한자를 보면 '마디(절)가 있는 다리(지)'를 가진 동물임을 상상할 수 있다. 우리 주변에서 볼 수 있는 대표적인 절지동물로는 곤충이 있다. 이 절지동물의 특징은 다리에 마디가 있을 뿐만 아니라 신체 전체가 마디로 구성되어 있다는 것이다. 곤충뿐만 아니라 새우나 게 등 평소에 우리가 식재료로 사용하는 갑각류도 절지동물의 부류다. 새우의 촉각이나 게의 다리를 보면 마디로 구성되어 있음을 알 수 있다. 또한 게의 배 부분을 보면 마디가 겹쳐 있는 모습이 잘 보일 것이다.

이런 동물에 공통되는 점은 골격의 구조다. 우리와는 반대로 몸의 바깥쪽에 골격이 있으며, 이것을 외골격이라고 한다. 게나 새우의 경우, 껍질이 골격이고 우리가 먹는 살이 근육이다.

뼈와 근육의 관계

골격을 움직이려면 힘줄과 근육이 필요하다. 힘줄은 근육을 골격에 연결하거나 골격과 골격을 연결한다. 또한 근육은 신축성이 있다는 이미지가 있는데, 수축은 가능하지만 늘어나지는 못한다. 이완될 뿐이다. 내골격인 동물은 골격의 바깥쪽에 근육이 붙어 있어서 확인하기가 쉬우니, 실제로 팔을 굽히고 펴면서 근육의 움직임과 팔의 움직임을 살펴보기 바란다. 뼈의 양면에 근육이 있어서, 한쪽 근육이 수축할 때 반대쪽에 있는 근육은 이완된다. 골격 주위에 수많은 근육이 복잡하게 붙어 있어 다양한 움직임을 만들어낼 수 있는 것이다.

한편, 외골격을 가진 절지동물은 골격 안쪽에 근육이 있기 때문에 근육의 움직임을 볼 수 없다. 절지동물인 게를 먹을 때 다리의 마디를 쪼개서 보는 것이 가장 간단한 관찰 방법이다. 우리가 평소에 먹는 게의 살은 사실 근육이다. 게의 근육의 한쪽 끝은 힘줄에, 다른 한쪽 끝은 골격인 껍질의 안쪽에 붙어 있다.

새우의 다리의 복잡한 움직임도, 게의 집게의 강력한 힘도, 곤충인 벌이나 잠자리의 날개의 빠르고 복잡한 움직임도 외골격과 근육에서 만들어지는 것이다.

커지기 위한 궁리 – 탈피

곰곰이 생각해보면, 외골격이라는 단단한 껍질인 가진 동물은 수압을 쉽게 견뎌낼 수 있고 몸속의 수분을 불필요하게 방출하는 일이 없는 등 내골격인 동물에 비해 유리한 점이 많아 보인다. 그러나 외골격 동물에게는 한 가지 커다란 문제점이 있다. '성장'이다. 성장함에 따라 딱딱한 외골격을 다시 만들고 오래된 작은 골격을 벗어 던질 필요가 있다.

곤충의 탈피는 주로 변태와 동시에 일어난다. 유충에서 번데기, 번데기에서 성충과 같이, 탈피할 때 내부 구조를 크게 바꿈으로써 이전 단계와는 다른 형태가 된다. 게나 새우는 형태를 크게 바꾸지 않고 안쪽에 새로운 골격을 만든 뒤 낡은 골격을 벗어 던진다.

어떤 경우든 탈피 전후에는 골격이 매우 말랑말랑하기 때문에 확실한 골격이 되기 전까지는 외부 공격 등에 매우 취약하다. 또한 탈피한 뒤의 골격을 관찰하면 알 수 있지만, 촉각 등의 세세한 구조뿐만 아니라 기관 같은 호흡기 내부까지 깔끔하게 빠진다.

외골격이 아닌 뱀이 탈피를 한다는 것은 유명한데, 사실은 우리 인간도 항상 탈피를 하고 있다. 체표가 조금씩 갱신되고 있어서 겉모습을 봤을 때 알기가 힘들 뿐이다.

(19)

생김새도 크기도 다양한
독특한 동물들

문어나 오징어, 바지락이나 재첩, 굴 등 식탁에 자주 오르는 것들부터
클레오네나 대왕오징어까지,
연체동물은 그 모습과 크기가 참으로 다양하다.

연체동물의 특징

지구상의 동물 가운데 곤충이 속한 절지동물 다음으로 많은 종
이 존재하는 연체동물. 연체동물은 골격이 없어 신축이 자유자재
이며, 그 이름처럼 몸이 유연하다는 특징이 있다. 또한 피부는 점
액으로 덮여 있어 건조에 약하기 때문에, 달팽이나 민달팽이 등
육지에 사는 일부 종을 제외하면 대부분은 주로 바다에 서식하고
있다.

진주를 만드는 조개의 신비함

연체동물 중에서도 대표격인 조개류는 뼈가 없는 대신 단단한 조개껍질(패각)로 덮여 있다. 특히 옛날부터 귀한 대접을 받아온 진주조개는 안쪽에 광택이 있는 진주층을 가지고 있다. 이것은 어떻게 만들어질까? 진주층을 확대해보면(아래 그림) 탄산칼슘(아라고나이트, 선석이라고도 한다)의 무기 결정과 단백질의 유기 기질이 교차로 쌓여 있는 벽돌 같은 구조를 띠고 있다. 이처럼 단단한 무기질과 부드러운 유기질의 복합체인 까닭에 망치로 때려도 깨지지 않을 만큼 강도가 높다(일반적인 탄산칼슘 결정의 3,000배). 진주조개는 몸을 지키기 위해 이렇게 강도가 높은 조개껍질로 진화했을 것

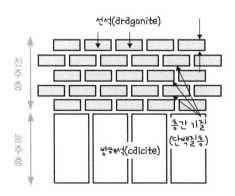

진주 아라고나이트의 모식도

이다. 그리고 여러 겹을 쌓은 결정의 두께가 빛의 파장과 정확히 같은 까닭에 빛의 간섭 작용으로 무지갯빛 광택을 내는 것이다.

연체동물의 선조는?

몸이 부드럽다는 특징을 가진 무척추동물로는 해파리(자포동물), 해삼(극피동물), 플라나리아(편형동물) 등이 있지만, 이들은 몸의 구조가 연체동물과 완전히 다르다.

한편, 지렁이 등의 환형동물은 유생의 형태가 연체동물과 공통적이고 낭배의 원구(原口)가 입이 되는 선구동물이라는 점에서 같은 선조로부터 분화되었다고 추정된다. 그리고 연체동물은 체절(몸의 마디)을 가지고 있지 않도록, 환형동물은 체절을 갖도록 진화한 것이다.

연체동물은 캄브리아기에 이미 다양한 형태로 진화했는데, 그중에서 구복류(구복강)나 가시벌레조개(무판강) 등은 패각이 없었을 때의 환형동물과의 공통 선조와 같은 원시적인 모습에 머물렀다(우측 그림).

조개껍질을 없앤 오징어, 문어, 갯민숭달팽이와 클리오네

몸이 크고 움직임이 빠른 오징어나 문어에게 무겁고 몸의 성장

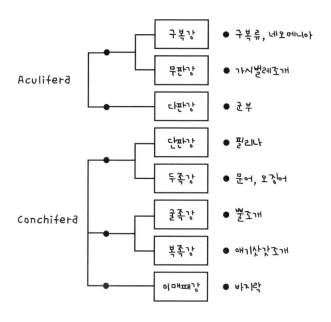

연체동물의 진화 계통 관계

- 구복강 — 구복류, 네오메니아
- 무판강 — 가시벌레조개

Aculifera

- 다판강 — 군부

- 단판강 — 필리나
- 두족강 — 문어, 오징어

Conchifera

- 굴족강 — 뿔조개
- 복족강 — 애기삿갓조개
- 이매패강 — 바지락

에 맞지 않는 패각은 오히려 거추장스러웠을 것이다. 그래서 같은 두족강인 암모나이트나 앵무조개로부터 진화하는 사이에 패각이 퇴화했을 것으로 생각된다. 오징어의 몸속에 있는 연골이 바로 패각의 흔적이다.

　패각을 가진 연체동물은 다판강 외에 한 장의 패각을 가진 단판강과 이매패류(이매패강), 고둥(복족강), 뿔조개(굴족강)로 분류된다. 예전에는 오징어나 문어 등의 두족강이 고둥에서 진화했다고 생각했지만, 실제로는 단판강과 같은 선조로부터 진화했음이 최근 연구를 통해 밝혀졌다. 한편 패각이 축소, 소실된 갯민숭달팽이나 바다의 천사로도 불리는 클리오네는 고둥인 복족강이며, 오징어나 문어와는 독립된 방식으로 패각을 잃었다고 추정된다. 이처럼 연체동물의 진화와 다양성은 참으로 흥미롭다.

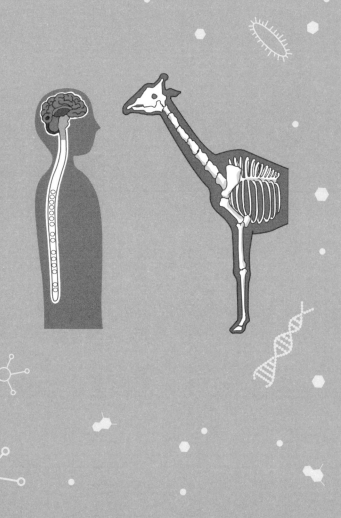

3

**동물과
인간의 신체**

음식이 받는
소화액 세례

우리는 스스로 양분을 만들어내지 못하기 때문에 다양한 음식물을 먹어
필요한 양분을 흡수하고 몸에서 사용할 수 있는 형태로 바꾼다.
또한 필요할 때에 대비해 저장도 해둔다.

위 속은 강력한 산을 채워놓은 걸쭉한 수영장

입을 통해서 들어온 음식물은 식도를 지나 위 속으로 들어간다.
위는 주머니 모양의 근육으로 구성되어 있어서 최대 약 2.5리터의
음식물을 집어넣을 수 있다. 위벽에서 위액이 나와 음식물을 주무
르듯이 으깨 걸쭉한 상태로 만든다.

위액에는 염산과 단백질을 분해하는 효소가 들어 있다. 염산은
강력한 산으로, 음식물을 녹일 뿐만 아니라 함께 들어온 세균을
대부분 죽일 수 있다. 그런데 이 환경에서도 아무렇지 않게 사는

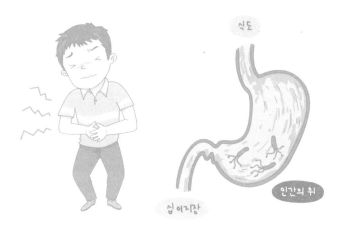

자신의 힘으로 환경을 바꿔서 살아남는 헬리코박터 파일로리균

균이 있다. 바로 헬리코박터 파일로리균(위나선균)이다. 요소를 알칼리성인 암모니아로 바꿔서 산을 중화시킴으로써 살기 좋은 환경을 만드는 것이다. 밝혀진 바에 따르면 이 헬리코박터균이 위암의 원인 중 90퍼센트 이상을 차지한다고 한다. 따라서 헬리코박터균이 살고 있는지 조사하는 것은 암을 예방하는 길로 이어진다.

위의 근육도 단백질로 구성되지만, 위벽에서 점액이 나오는 덕분에 자신의 위액에 손상을 입는 일은 없다. 그러나 스트레스 등으로 자율신경의 활동에 문제가 생겨 위의 점액이 감소하면 위도 영향을 받는다. 또한 위와 식도의 경계 부분에서 역류 방지 밸브 같은 역할을 하는 근육이 느슨해지면 식도에 강한 산이 역류해 가슴앓이 증상이 나타나는데, 바로 역류성 식도염이다.

음식물이 소장의 벽을 통과하도록 돕는 소화 효소

소장은 몸속에서 가장 길이가 긴 장기다. 장간막이라는 막이 장을 매달 듯이 지탱하고 있기에 서 있을 때나 누워 있을 때나 정해진 위치에 빽빽하게 수납되어 있다.

소장의 안쪽 벽은 주름 형태로 되어 있으며, 융모라는 작은 돌기가 있다. 음식물은 이 융모에서 흡수되어 융모 속의 모세혈관이나 림프관을 통해 간으로 이동하며, 일부는 간에서 혈액을 타고 온몸으로 운반되고 일부는 간 내부에 저장된다. 융모는 작은 크기의 물질만을 흡수하기 때문에 소화 효소를 통해 탄수화물은 포도당이나 과당으로, 단백질은 아미노산으로, 지질은 지방산이나 글리코겐으로 바꿔서 소화·흡수한다.

소장의 처음 25~30센티미터 정도는 십이지장이라는 부분으로, 간에서 만들어져 담낭에서 농축된 담즙이나 췌장에서 온 췌액이 흐른다. 지질의 경우는 지방분이 많은 까닭에 물과 섞이지 않는데, 효소가 효과적으로 작용하도록 섞인 상태로 만드는 것이 담즙의 역할이다. 또한 췌액에 들어 있는 소화 효소는 최종적으로 음

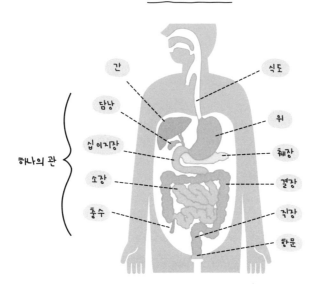

소화관은 하나의 관

식물을 잘게 분해한다. 인간은 위액, 췌액 등의 소화 효소를 하루에 7리터나 소화관에 배출해 소화 흡수를 실시한다.

식이섬유를 소화해내는 생물, 소화하지 못하는 생물

융모에서 흡수되지 않은 음식물은 대장으로 이동한다. 아직 죽과 같은 상태이지만, 대장에서 서서히 수분이 흡수되어 대변이 된다. 인간은 식이섬유를 흡수하는 효소가 없기 때문에 식이섬유를 흡수하지 못하지만, 식이섬유의 소화 효소를 가진 동물에게는 식이섬유가 영양원이 된다. 대장으로 이동한 식이섬유는 대장에서 사는 장 내 세균의 먹이가 된다.

—— 21 ——

하루에 8,000리터의 피를
내보내는 심장

근육 덩어리인 심장은 단 하루도 쉬지 않고 끊임없이 움직인다.
심장은 어떤 과정을 거쳐 혈액을 내보낼까?

심장은 혈액의 펌프

밤에도 낮에도 쉬지 않고 끊임없이 움직이며 우리 몸속 구석구
석까지 신선한 혈액을 운반하고 오래된 혈액을 회수하는 흐름을
주관하는 심장. 이렇게 신기한 존재인 심장은 어떤 원리로 움직이
고 있을까?

팔이나 다리가 근육의 활동으로 움직이듯이, 심장이 혈액을 내
보내는 것도 근육의 활동 덕분이다. 심장을 구성하는 근육의 성
질은 골격에 붙어 있는 심장과 비슷하지만, 큰 차이점이 하나 있

다. 우리의 의지로 제어할 수 없다는 점이다. 근육 덩어리인 심장의 크기는 사람의 주먹 정도인데, 이런 작은 심장이 1분 동안 50~100회나 수축과 이완을 반복한다. 한 번에 방출할 수 있는 혈액은 소량이지만, 하루 종일 쉬지 않고 움직이는 까닭에 하루에 내보내는 혈액의 양은 무려 8,000리터에 이른다고 한다.

산소를 받아들이는 폐의 구조

심장의 활동으로 온몸의 혈액을 순환하는 혈액은 신체의 각 부분에 영양분과 산소를 운반한다. 우리는 산소를 받아들이기 위해 호흡을 한다. 외부의 공기를 받아들이는 곳은 폐다. 배나 가슴에 손을 대고 숨을 들이마시면 늑골의 움직임을 잘 알 수 있다. 그러나 이것은 폐가 움직이는 것이 아니다. 폐는 근육으로 만들어져 있지 않기 때문에 횡격막이 내려가거나 늑골이 확장됨으로써 움직이게 된다.

코나 입을 통해서 들어온 숨은 마치 세탁기의 호스 같은 구조의 튼튼한 기관(氣管)을 통해서 폐로 향한다. 기관이 나뭇가지처럼 분기된 것이 기관지다. 기관지는 더욱 분기되어, 최종적으로는 폐포(허파꽈리)에 도달한다. 폐포는 작은 포도송이처럼 생겼다. 폐포 하나의 크기는 지름이 100마이크로미터 정도에 불과하지만, 그 수가 매우 많은 까닭에 전부 펼치면 넓이가 무려 100제곱미터에 이른다고 한다.

또한 폐포는 모세혈관에 둘러싸여 있다. 운반되는 혈액 속에 들어 있는 헤모글로빈이라는 색소단백질은 산소가 많은 곳에서는 산소와 화합하고, 산소가 적은 곳에서는 산소를 분리시키는 성질을 지니고 있다. 이 메커니즘에 따라 폐포에서 가스 교환이 이루어지는 것이다. 공기 속에는 산소가 약 20퍼센트 포함되어 있는데, 입으로 인공호흡이 가능하다는 점에서 알 수 있듯이 한 번의 호흡으로 모든 산소가 혈액에 흡수되지는 않는다.

체순환과 폐순환

포유류의 심장은 네 개의 방으로 구성된다. 이 가운데 혈액을 내보내는 방을 심실, 혈액이 돌아오는 방을 심방이라고 한다. 단순히 순환시킬 뿐이라면 방이 두 개만 있어도 충분할 것 같지만, 여기에는 커다란 두 가지 흐름이 필요하다.

첫째는 온몸에서 돌아온, 산소가 부족한 혈액의 흐름이다. 온몸에서 우심방으로 돌아온 이 혈액을 그 상태로 다시 온몸에 돌려보낼 수는 없기 때문에, 일단 우심실로 이동시킨 뒤 그곳에서 폐를 향해 방출한다. 폐에서 산소를 충분히 흡수한 혈액은 좌심방으로 돌아오는데, 이 심방의 벽은 얇고 밀어내는 힘이 약한 까닭에 가장 두꺼운 근육의 벽으로 만들어진 좌심실로 이동한 뒤 강렬한 힘으로 온몸을 향해 뿜어져 나온다. 이때의 고동이 심장 박동이고, 그 힘 때문에 혈액이 움직이는 것이 맥박이다.

이와 같이 혈액의 순환은 크게 두 가지로 나뉜다. 우심실에서 폐를 경유해 좌심방으로 돌아오는 순환을 폐순환, 좌심실에서 온몸을 돈 뒤 우심방으로 돌아오는 순환을 체순환이라고 한다.

인공 심박동기와 AED

혈액을 통해서 운반되는 산소는 온몸의 세포에 매우 중요한 까닭에 심근은 일정한 리듬으로 수축을 반복하며 끊임없이 혈액을 내보낸다. 그런데 부정맥처럼 심장 박동이 불안정해지는 병이 있다. 그래서 피부 속에 기기를 심어 넣어 직접 심장에 전기 자극을 주어 박동을 규칙적으로 만드는데, 이 기기를 인공 심박동기라고 한다. 현재는 고기능의 전지도 개발됨에 따라 심어 넣은 인공 심박동기의 전지 교환 주기도 상당히 늘어났다.

한편 최근 공공시설 등에 설치되는 AED는 정식 명칭이 자동 심장 충격기로, 본래 규칙적인 전기 신호로 수축되어야 할 심실의 근육이 무질서하게 움직이는 현상을 강제로 제어하는 기기다.

22

혈액의 탄생 비화와
엘리트 교육

우리 몸속에 있는 혈액의 양은 체중의 약 13분의 1이며,
그중에서 3분의 1을 잃으면 생명이 위험해진다. 또한 혈액에도 수명이 있다.
그렇다면 새로운 혈액은 어디에서 만들어지는 것일까?

뼈 속에 있는 혈액 제조 공장

혈액의 성분은 혈장이라고 하는 체액과 고체인 혈구로 나뉜다.
혈장은 90퍼센트가 수분이며, 그 속에 전해질과 포도당, 단백질
등이 들어 있다. 혈구에는 적혈구, 백혈구, 혈소판의 세 종류가 있
으며 99퍼센트 이상이 적혈구다. 적혈구와 백혈구, 혈소판은 형태
도 기능도 전부 달라서, 적혈구는 산소를 운반하고 백혈구는 면역
을 담당하며 혈소판은 지혈 작용을 담당한다.

그러나 근원을 거슬러 올라가면 혈구는 전부 같은 세포로 구성

되며, 게다가 같은 장소에서 탄생한다. 이 조혈모세포는, 뼈 속의 골수에 있다. 쉽게 말하면 혈액을 만드는 공장이 골수이며 혈액의 원료는 조혈모세포 한 가지인 셈이다. 이 재료에 무엇을 작용시키느냐에 따라 최종 제품(혈구)가 달라진다.

가령, 작용시키는 물질 중 하나로 신장에서 만들어지는 것이 있다. 이것을 작용시키면 조혈모세포는 적혈구로 성숙된다. 그래서 신장의 활동이 악화되면 작용시킬 물질의 양이 줄어들기 때문에 만들어지는 적혈구의 양이 줄어들어 빈혈(신성 빈혈)이 된다.

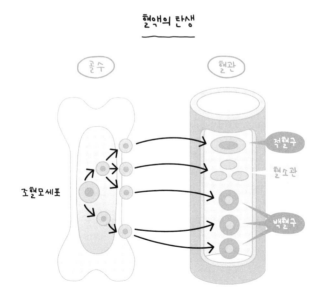

혈액의 탄생

작용시키는 물질에 따라 혈구의 종류가 결정되는 메커니즘은 우리의 몸에 커다란 이점을 가져다준다. 몸 속에 병원균이 침투하면 백혈구가 평소보다 많이 필요해지는데, 그럴 때면 임시로 백혈구를 유도하는 물질을 많이 작용시킴으로써 부족한 백혈구를 보충하는 것이다.

골수를 나온 백혈구에는
고도의 교육과 선발 시험이 기다리고 있다

만들어진 혈구는 골수에서 나와 혈관을 돌아다닌다. 그러나 백혈구의 일부는 아직 제 역할을 수행하기에 부족하다고 간주되어 흉선(가슴샘)으로 이동해 고도의 학습을 받는다.

백혈구는 몸속에 들어온 이물질을 찾아내서 공격해 처치하는 역할을 맡고 있다. 이를 위해서는 먼저 이물질과 자신을 적확히 파악하는 힘이 필요하다. 그러나 너무 적확하게 인식한 나머지 자신의 변종에 대해서도 융통성을 발휘하지 않게 되면, 필요 이상으로 자신을 공격하고 만다. 그래서 생체를 지키는 데 정말로 도움이 되는 백혈구만이 선발되어 흉선으로부터 나가는 것을 허락받는다. 합격률 수 퍼센트라는 좁은 문을 통과한 엘리트 중의 엘리트들이 우리 몸을 지키고 있는 것이다.

혈관은 왕복로, 림프관은 일방통행로

혈관은 몸의 구석구석까지 뻗어 있다. 심장에서 뿜어져 나온 혈액은 굵은 대동맥을 지나가지만, 분기가 되는 사이에 이윽고 모세혈관으로 들어간다. 모세혈관은 아주 가는 혈관으로, 이곳에서 세포와 세포 사이에 혈장이 새어 나와 조직액이 되고, 영양분이나 산소를 세포에 전달하며, 세포에서 나오는 노폐물이나 이산화탄소를 흡수한다. 그런 다음에는 다시 혈관으로 돌아간다.

한편, 조직액의 일부는 혈관으로 돌아가지 않고 림프관으로 들어가 림프액이 된다. 림프액은 이윽고 쇄골 아래에 있는 정맥에서 다시 혈액과 합류한다.

혈관의 경우는 양 방향으로 길이 나 있어서 몸속을 순환하는 까닭에 동맥에서 새로운 혈액을 보냄으로써 모세혈관을 통해 새로운 조직액을 공급하고, 오래된 조직액은 정맥으로 회수하는 흐름이 만들어진다. 한편 림프관의 경우는 한 방향으로만 길이 나 있기 때문에 정체될 때가 있다. 그래서 림프 마사지 등을 통해 노폐물 등이 쌓이지 않도록 흐름을 좋게 만들 필요가 있다. 또한 림프관에는 곳곳에 림프절이 있어서 림프관을 흐르는 이물질을 처리하고 다른 조직이나 혈관 속에 이물질이 침입하는 것을 방지하는 일을 한다.

건강하게 살아가기 위한 생물의 배설 비법

우리의 몸은 필요한 물질을 흡수해서 살아가기 위한 에너지를 얻는다.
그 과정에서 생기는 불필요한 물질이나 노폐물은 어떻게 배출될까?

배설 비법 1

몸속에서 발생하는 암모니아를 무독화 처리한다

우리는 소장에서 흡수한 영양소를 몸속에서 연소시켜 생명 활동에 필요한 에너지를 발생시킨다. 다만 연소라고 해도 불을 붙여서 태우는 것은 아니고, 폐에서 호흡한 산소와 결합시킨다는 뜻이다. 가령 탄수화물이나 지질은 대부분이 탄소 원자와 수소 원자로 구성되어 있어서, 산소와 결합하면 에너지를 방출하는 동시에 이산화탄소와 물이 된다. 이산화탄소는 폐에서 외부로 배출할 수 있

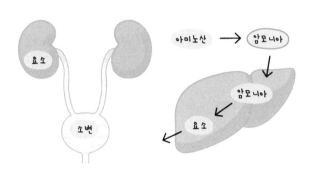

암모니아의 무독화

고, 물은 생체 내에서 효과적으로 활용된다.

한편 단백질의 경우는 아미노산에 질소 원자가 포함되어 있다. 그래서 아미노산이 에너지원으로 사용되거나 불필요해진 효소 또는 적혈구 등의 단백질이 처리되면 그 과정에서 암모니아가 발생하는데, 이 암모니아는 몸에 해로운 독성 물질이다. 그래서 암모니아의 독성을 없애기 위해 간에서 암모니아에 이산화탄소와 물을 작용시켜 요소로 바꾼 뒤 혈액 속에 방출하며, 이것을 신장에서 소변으로 배설한다.

그런데 간 기능에 장애가 발생하면 암모니아를 요소로 변환할 수 없게 되어 몸속에 암모니아가 쌓인다. 그 암모니아가 뇌 속으로 들어가면 신경 세포가 정상적으로 활동하지 못하며, 혼수상태에 빠져 생명을 잃을 수도 있다. 또한 신장의 기능이 저하되면 소변의 배설이 제대로 되지 않아 요소가 몸속에 쌓이는데, 그렇게 되면 암모니아에서 요소로 변환되는 과정도 정체되기 때문에 암모니아의 농도가 높아져 위험한 상태가 된다.

배설 비법 2
처음에는 대충 버리고, 그런 다음 다량의 원뇨에서 필요한 물질을 천천히 재흡수한다

신장은 혈액을 여과해 소변을 만든다. 먼저 필요한 물질과 불필요한 물질을 대략 나눈다. 처음에 불필요하다고 판단한 액체를 원뇨(原尿)라고 하는데, 이 원뇨는 최종적인 소변(오줌)이 아니다. 신장 속의 더욱 가는 관 속을 이동하며, 그 과정에서 '역시 이건 버리지 말고 다시 이용하자'라고 판단된 물질이 재흡수된다. 명백히 필요가 없는 요소(尿素)는 거의 재흡수되지 않는다. 그리고 원뇨는 농축되어 소변이 된다.

이와 같이 신장은 먼저 대충 버린 다음 천천히 다시 줍는 방법으로 소변을 만든다. 신장을 통과하는 혈액은 하루에 1,500리터나 된다고 한다. 이렇게 많은 양을 처리하는데 처음부터 꼼꼼하게 선별하면 소변을 만드는 데 너무 많은 시간이 걸리게 된다. 요소

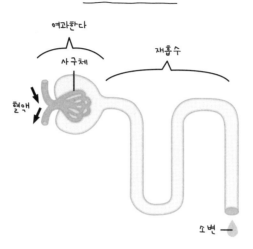

신장의 여과와 재흡수

여과한다

재흡수

사구체

혈액

소변

처럼 빨리 외부로 배출해야 할 것을 빠르고 효율적으로 배출하기 위해서도 이 시스템이 가장 적절한 방식일 것이다.

배설 비법 3

대변과 소변의 차이점

배설에는 소변뿐만 아니라 대변(똥)도 있다. 양쪽 모두 몸에 불필요한 물질이지만, 이 둘에는 커다란 차이점이 있다. 어디에서 나온 불순물이냐는 점이다. 소변은 혈액에서 여과된 불순물이며, 대변은 소화관에서 나온 불순물이다. 소화관의 벽도 오래되면 벗

겨져서 음식물 찌꺼기에 섞여 대변이 된다.

또한 세균의 유무에 따른 차이도 있다. 소변의 근원은 혈액이다. 혈액은 기본적으로 무균 상태이기에 만약 소변에 세균이 들어 있다면 그것은 병에 걸렸다는 뜻이 된다. 한편 대변은 세균이 잔뜩 살고 있는 장관(腸管)을 지나서 왔기 때문에 장 속에 살고 있었던 세균의 시체가 섞여 있다.

왜 가슴이
두근거리는 것일까?

우리의 몸은 60조 개에 이르는 세포로 구성된다.
이 세포들은 서로 연결되어 각자 역할을 수행한다.
신경은 정보를 전달하는 역할을 맡고 있다.

중추 신경과 말초 신경

　인간의 신경은 중추 신경과 말초 신경으로 나눌 수 있다. 중추 신경은 뇌와 척수로 구성되며, 눈이나 귀 등의 감각 기관을 통해서 들어온 자극에 반응해 행동을 일으키는 근육에 이를 전달한다.

　말초 신경은 운동과 감각을 관장하는 체성 신경과, 소화기·혈관계·내분비선·생식기 같이 의지와는 상관없이 움직이는 불수의 기관의 기능을 제어하는 교감 신경과 부교감 신경(자율 신경계)으로 구성된다.

자율 신경계와 그 작용

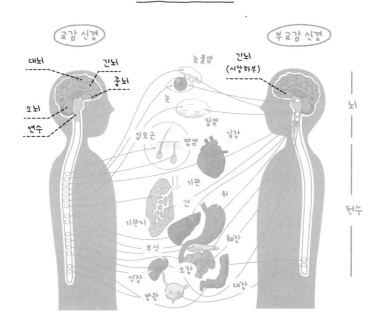

자율 신경이 작용하는 기관과 분포하는 자율 신경을 나타낸다. 실제 경로를 나타낸 것은 아니다.

	동공	땀샘 (발한)	입모근	심장 (박동)	기관지	위 (연동 운동)	방광 (배뇨)
교감 신경	확대	촉진	수축	촉진	확장	억제	억제
부교감 신경	축소	X	X	억제	수축	촉진	촉진

또한 자극에 반응해 행동을 일으키는 기능을 동물성 기능(체성 신경이 관여), 소화나 호흡 등 생명 유지의 기본이 되는 기능을 식물성 기능(자율 신경이 관여)이라고 한다.

자율 신경계

체내 환경은 자율 신경계와 내분비계를 통해 조절된다. 그리고 자율 신경계와 내분비계의 작용은 뇌의 일부인 간뇌의 시상하부가 통제한다. 신경이나 혈액을 통해 체내 환경의 변화를 감지하고 그 정보를 바탕으로 자율 신경계와 내분비계를 작용시킨다.

자율 신경계에는 교감 신경계와 부교감 신경계의 두 종류가 있다. 교감 신경은 척수에서 나오며, 부교감 신경은 뇌와 척수에서 나온다. 하나의 기관에는 교감 신경과 부교감 신경이 쌍을 이루어 분포하며, 서로 반대의 작용을 보인다.

① 교감 신경……몸을 활동적인 방향으로 조정한다.

② 부교감 신경……몸을 피로 회복의 방향으로 조절한다.

또한 자율 신경은 기관에 직접 작용하는 까닭에 효과가 빠르게 나타나며, 내분비계를 통한 조절은 혈액을 거쳐 기관에 간접적으로 작용하는 까닭에 효과가 나타나기까지 시간이 걸린다.

가슴이 두근거리는 원리

운동을 하면 우리의 몸에는 산소가 더욱 필요해진다. 그래서 운동을 하면 심장의 수축 횟수(심박수)가 증가하며, 수축하는 힘도 커져 한 번의 수축으로 내보내는 혈액의 양이 증가한다. 매우 격렬한 운동을 했을 경우 심박수는 2~3배, 단위 시간당 심박출량은 5~6배가 된다. 이렇게 펌프인 심장의 수축이 강해지고 심박수가 증가한 상태를 우리는 두근거림으로 느끼는 것이다.

사랑을 하면 감정의 고조와 관련되는 중추 신경계의 활동이 활발해져 정신이 고양된다. 자율 신경도 교감 신경이 우위인 상태가 되어 운동을 했을 때처럼 가슴이 두근거린다. 그런데 이 두근거림은 운동을 했을 때와는 달리 심장의 근육에 영양을 공급하는 관상 동맥이 심장의 두근거림에 맞춰 충분히 확장되지 않는 경우가 있다. 그러면 심장에 혈액이 충분히 공급되지 않는, 다시 말해 가벼운 협심증 같은 상태가 되어 가슴이 메고는 한다. 이것이 소위 '심쿵'의 정체다. 여기에 손이 떨리거나 손바닥에 땀이 나는 것도 교감 신경의 작용에 따른 결과다.

정신적인 긴장도 가슴을 두근거리게 만든다. 교감 신경의 말단에서 노르아드레날린이라는 신경의 정보 전달 물질이 분비되었기 때문이다.

25

지금까지 몰랐던
뼈의 비밀

딱딱하고 튼튼하기에 무기질이라는 인상이 강한 뼈.
그러나 실제로는 다른 장기와 마찬가지로 피가 통과하고, 세포가 존재하며,
끊임없이 신진대사가 진행된다. 우리의 뼈는 사실 다양한 역할을 담당하고 있다.

열심히 일하는 뼈

우리의 몸을 지탱하는 크고 작은 206개의 뼈. 이 뼈들은 단순히 버팀대의 역할만 하는 것이 아니라 우리가 사는 데 필요한 수많은 중요한 역할을 담당한다.

가령 누군가가 부르는 소리를 듣고 뒤를 돌아본다는 사소한 동작을 통해 뼈의 기능을 생각해보자. 목소리는 귓속으로 들어와 고막에 도달한다. 고막의 내부에는 귓속뼈(이소골)라는 2~3밀리미터 정도의 작은 뼈가 3개 한 쌍으로 붙어 있어서, 이것이 소리를

증폭시켜 달팽이관에 전달한다. 달팽이관에 전달된 소리는 전기 신호로 변환되어 뇌에 전해지며, 목소리가 인식되면 이번에는 뇌에서 목의 근육에 "돌아보시오"라는 명령을 보낸다.

뇌는 다양한 정보를 처리하는 기관인 까닭에 산소를 대량으로 소비한다. 산소는 적혈구를 통해서 운반되는데, 이것도 뼈의 내부에 있는 골수에서 만들어진다.

뇌를 지키는 것은 두개골이라는 튼튼한 뼈 용기다. 이 두개골도 20개가 넘는 뼈의 조합으로 구성되어 있다. 무거운 머리를 지탱하는 목을 상하좌우로 자유롭게 움직일 수 있는 이유는 경추가 7개의 뼈로 나뉘어 있고 각각에 근육이 붙어 있기 때문이다.

다만 근육은 칼슘이 없으면 정상적으로 수축하지 못한다. 필요할 경우는 부갑상선에서 파라토르몬이라는 호르몬이 분비되고, 그것이 뼈의 분해를 촉진해 칼슘을 보충한다. 다시 말해 뼈는 칼슘 저장고의 역할까지 하는 것이다.

뼈를 비교해보면 더욱 재미있다

포유류의 대부분은 인간과 마찬가지로 일곱 개의 경추를 가지고 있지만, 형상은 천차만별이다. 코끼리의 경우 크고 무거운 머리를 지탱하기 위해 경추가 굵고 짧지만, 반대로 기린의 경우 머

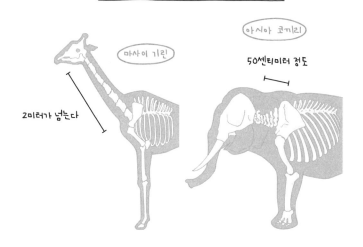

마사이 기린과 아시아 코끼리의 경추 비교

아시아 코끼리

마사이 기린

50센티미터 정도

2미터가 넘는다

리가 높은 곳까지 닿도록 경추 하나하나를 최대한으로 늘였다. 이 기다란 목은 수컷끼리 싸울 때 강력한 무기로도 사용된다.

　포유류를 비롯해 조류, 파충류, 양서류, 어류를 합쳐서 척추동물이라고 한다. 인간의 척추는 목에서 등을 지나 엉덩이까지 몸을 곧게 관통한다. 한편 거북은 척추골과 늑골을 판 모양으로 변형시켜 결합함으로써 외적으로부터 몸을 지키기 위한 뼈 갑옷(등딱지)을 만들었다.

　같은 종류의 동물끼리도 암컷이냐 수컷이냐에 따라 뼈의 형태가 다른 경우가 있다. 가령 수컷 고릴라의 두개골은 암컷 고릴라의 두개골에 비해 상당히 뾰족하다. 고릴라의 수컷은 관자놀이의 근육이 매우 발달해서 무는 힘이 굉장히 강력한데, 이 커다란 근육을 두정부의 뼈로 지탱한다.

뼈의 비교는 동물의 행동이나 생태, 나아가서는 진화 과정까지 많은 정보를 알려준다.

뼈는 살아 있다

테이블 등에 자신도 모르게 정강이를 부딪치면 기절할 만큼 아프다. 그런데 이 아픔과는 달리, 뼈 자체는 작은 충격에는 끄떡도 하지 않는다. 게다가 만에 하나 파손이 되더라도 정도가 심하지 않다면 원래 상태로 되돌아가는 재생력을 겸비하고 있다.

그렇다면 왜 뼈는 이렇게 강인한 것일까? 건물을 지을 때 콘크리트뿐만 아니라 프레임으로서 철골을 사용하듯이 뼈도 프레임으로 콜라겐(단백질의 일종) 섬유를 사용하며, 여기에 인산칼슘을 스며들게 해 단단하게 굳혔다. 이렇게 해서 단단함과 부드러움의 양립을 가능케 했다.

이때 인산칼슘을 분비해 뼈를 붙여 나가는 세포를 조골세포라고 한다. 반대로 뼈에는 인산칼슘을 분해하는 세포도 있다. 파골세포라고 부르는 이 세포는 언뜻 보면 뼈를 약하게 만드는 나쁜 존재로 생각되기 쉬운데, 뼈를 다시 만들기 위해서는 오래된 뼈를 부술 필요가 있다. 파골 세포가 부순 부분을 조골세포가 고치는 관계가 균형을 이루기 때문에 강인함을 유지하고 골절을 치유할 수 있는 것이다. 이처럼 뼈 역시 분명히 살아 있다.

26

생명 활동을 담당하는
효소

효소는 생물의 몸속에서 음식물의 소화나 흡수, 호흡, 전송, 대사, 배설 등
모든 단계의 화학 변화에 관여한다.

세제에 효소를 이용한다

우리 주변에서 볼 수 있는 세제 중에는 단백질이나 지방을 분해
하는 효소를 첨가해 세정력을 높인 세제가 많다. 가령 셔츠의 칼
라나 소맷부리의 때에 포함되어 있는 단백질은 세제의 주성분만
으로는 쉽게 제거되지 않는데, 단백질 분해 효소를 배합하면 효소
가 단백질을 분해해 때를 제거하기 쉽게 만들어준다.

단백질이나 지방의 때를 제거하기 위해 단백질을 분해하는 효
소인 프로테아제, 지방을 분해하는 효소인 리파아제를 첨가한다.

또한 전분이나 셀룰로오스(식물 세포의 세포막이나 섬유 부분)를 분해하는 효소인 아밀라아제나 셀룰라아제도 사용된다.

식품의 제조에 효소를 이용한다

고분자인 전분을 분자량이 작고 단맛을 가진 글루코스(포도당)로 분해하는 데도 효소가 사용된다. 간장과 된장, 버터, 치즈를 비롯해 광범위한 식품의 제조에 효소가 이용되고 있다.

식품만이 아니다. 의약품의 제조에도, 또한 의료 진단에도 효소가 활약하고 있다.

생명체는 거대한 화학 공장

우리 주변에는 플라스틱이나 합성 섬유, 의약품 등 합성된 화학 물질이 넘쳐난다. 그런 화학 물질을 만들 때는 화학 반응으로 재료 물질을 순서에 맞게 조합하거나 그것을 구성하는 원자들의 조합을 바꾸는데, 이때 촉매라는 물질이 활약한다. 촉매를 사용하면 화학 반응의 속도가 크게 빨라진다. 다만 촉매는 모든 화학 반응에 효과가 있는 것이 아니라 어떤 한 가지 화학 반응에만 효과를 발휘한다. 만병통치약은 아닌 것이다. 촉매가 어떤 화학 반응에만 효과가 있는 이러한 현상을 촉매의 선택성이라고 한다.

생물의 몸속에서는 물질의 화학 반응이 끊임없이 진행되고 있다. 수많은, 게다가 복잡한 화학 반응이 질서정연하게 진행되는데, 이때 작용하는 생체 내의 촉매가 효소다. 3,700종이 넘는 인간의 효소는 저마다 담당하는 반응이 있어서(선택성이 있어서), 서로 방해하지 않고 작용한다.

효소가 지닌 선택성에는 두 가지가 있다. '기질 특이성'과 '반응 특이성'이다. 하나의 효소는 반드시 특정한 물질(기질)과 연결되어 있어서 그것을 변화시킨다. 마치 열쇠(기질)에는 반드시 하나의 자물쇠(효소)만이 들어맞는 식이다. 또한 하나의 효소는 특정 화학 반응에만 촉매로서 작용하며, 그 화학 반응을 통해서 만들어지는 생성물도 정해져 있다. 이것이 반응 특이성이다. 효소가 가진 기질 특이성과 반응 특이성 덕분에 생체 내의 다종다양한 화학 반응이 질서정연하게 진행되는 것이다.

예를 들어 침 속에 들어 있는 소화 효소인 아밀라아제는 전분에 달라붙어서 전분을 차례차례 절단해 맥아당으로 바꾼다. 또한 소장의 벽에서 분비되는 장액 속의 소화 효소인 말타아제는 이 맥아당에 달라붙어 이것을 둘로 분단시킴으로써 포도당으로 만든다.

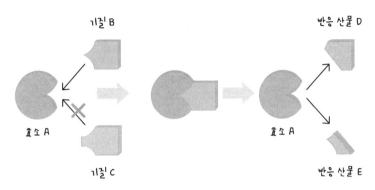

기질 특이성(열쇠와 자물쇠성)

기질 B

반응 산물 D

효소 A

효소 A

기질 C

반응 산물 E

효소 A의 작용으로 기질 B가 D와 E로 변화하지만, 효소 A 자신은 변화하지 않는다. 효소는 작용하는 상대(기질)가 정해져 있으며, 다른 상대(이를테면 기질 C)에는 작용하지 않는 성질(기질 특이성)이 있다.

효소는 단백질

대부분의 효소는 단백질로 구성되어 있어서, 고온이나 산, 알칼리 등으로 그 입체 구조가 파괴되어 변성되면 촉매의 작용(활성)을 잃어버린다(실활). 그런 까닭에 효소의 대부분은 중성(pH 7) 부근, 체온 정도(섭씨 37도)에서 가장 높은 활성을 보인다. 생체의 내부에는 일정 pH를 유지하는 기능이 있어서 효소가 활성을 잃지 않고 제대로 일할 수 있다. 다만 다소 성질이 다른 효소도 존재한다. 산성 상태나 알칼리성 상태에서 활성이 높아지는 것도 있고, 일정 수준의 고온은 견뎌내는 것도 있다.

— 27 —

몸을 지키는 교묘한 시스템, 면역계

병의 원인이 되는 우리 주변의 바이러스, 세균, 기생충과 암세포 등의
이물질을 식별해 몸속에서 걸러내 몸을 지키는
교묘한 시스템인 면역계에 관해 살펴보자.

자연 면역과 획득 면역

외적이나 위험으로부터 몸을 지키는 면역은 크게 두 가지로 나눌 수 있다.

몸속에 들어온 병원체의 특징(세포막을 만드는 부품이나 특징적인 DNA·RNA의 규칙 구조 등)을 대략적으로 파악해서 배제하는 '자연 면역'과, 적을 만날 때마다 그 특징을 학습·기업해 다양한 적에 대해 최적의 무기(항체 등)를 골라서 핀포인트로 공격하는 '획득 면역'이다. 이 획득 면역의 경우는 1만 종류 이상의 이물질을 특이적

으로 인식하는 무기를 그 수만큼 준비할 필요가 있다. 그렇기 때문에 각각의 면역 세포 속에서 유전자를 재조합해 부품을 다양하게 조합함으로써 수많은 종류의 무기(항체)를 만들어낸다.

획득 면역계는 물고기에서 시작됐다?

자연 면역은 거의 모든 생물이 가지고 있지만, 획득 면역의 경우 모든 생물이 갖추고 있는 것은 아니다. 가령 상어 등의 연골어류보다 진화적으로 오래된 칠성장어(무악류)나 무척추 동물은 획득 면역을 갖추고 있지 않다. 이것은 5억 년 전에 무악류에서 연골어류로 생물이 진화할 때 바이러스와 닮은 '이동성 유전자(트랜스포존, 전이 인자라고도 한다)'가 때마침 면역 글로불린 패밀리의 유전자에 감염됨으로써 발생했다.

자신을 잘라내서 다른 장소에 전이한다는 성질을 활용한 재조합 활성화 유전자가 작용해, 획득 면역계의 세포 속에서 항체의 유전자가 재조합되어 특정 항체를 만들 수 있게 된 것이다.

최전선에서 싸우는 병사들

면역 시스템은 흉선, 골수, 비장이나 온몸의 림프절을 기지로 삼으며 림프관으로 이어진 네트워크다. 또한 영양을 흡수하는 장

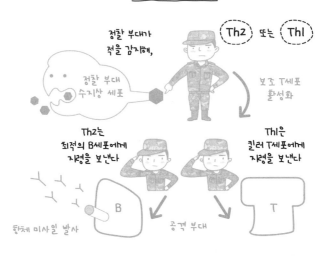

면역 시스템의 개요

정찰 부대가
적을 감지해,

Th2 또는 Th1

정찰 부대
수지상 세포

보조 T세포
활성화

Th2는
최적의 B세포에게
지령을 보낸다

Th1은
킬러 T세포에게
지령을 보낸다

항체 미사일 발사

B

공격 부대

T

도 면역 조직으로서 중요한 역할을 한다. 이 네트워크를 기반으로 면역 세포가 온몸을 순찰하며 항체 등 다양한 무기를 사용해 이물질을 제거하는데, 그 구조는 군대와도 유사하다. 면역 세포는 최전선에서 싸우는 전사들인 것이다.

예를 들어 마크로파지(대식 세포)나 NK세포(자연 살해 세포), 수지상 세포 같은 정탐 부대는 적과 만나면 동료를 불러 모아 방어 활동을 펼친다. 그리고 어떤 적인지 정보를 빠르게 탐색해 사령관인 보조 T세포(Th)에 전한다. 보조 T세포(Th1 또는 Th2)는 과거에 같은 적으로부터 공격을 받은 적이 있는지 판단하고 적에게 최적의 항체 미사일을 보유한 공격 부대(B세포)나 암살자(킬러 T세포)를 파견한다.

병사들의 반란 – 알레르기·자기 면역 질환

평소 우리가 먹는 음식물과 병원 세균은 전부 이물질이지만, 장관에 있는 면역계는 이것들이 적인지 아군인지 구별한다. '면역 관용'이라는 시스템이 작용해, 사령관인 제어성 T세포가 아군인 음식물은 공격하지 말라고 명령하는 것이다.

또한 음식물이나 자신의 세포를 공격하는 T세포는 위험하기 때문에 성숙되는 과정에서 자살(아토포시스)시킨다.

그러나 사령관들의 지휘 계통이 혼란에 빠지면 병사들을 통제하지 못해 반란이 일어나, 면역 반응이 과도해지는 알레르기, 또는 자신을 적으로 오인하고 공격하는 자기 면역 질환 등이 발생하기도 한다.

4

28

인간과 감염증의
싸움

인간은 백신과 항생 물질이라는 무기로 감염증과
싸움을 벌여왔다. 그런데 지금 그 무기가 위험에 처했다.

인간은 감염증의 위협 속에서 살아왔다

세균이나 바이러스 등의 병원체가 몸속에 침입함으로써 발생하는 병을 감염증이라고 한다. 인간은 이 감염증의 위협에 떨면서 살고 있다. 역사적으로 보면 13세기의 한센병(나병), 14세기의 페스트(흑사병), 16세기의 매독, 17세기의 인플루엔자, 18세기의 천연두, 19세기의 콜레라와 결행 등 바이러스나 세균이 원인이 되는 감염증이 있었다. 이 가운데 천연두의 병원체는 바이러스이지만 다른 감염증의 원인은 세균류로, 그중에서도 14세기에 유행한 페

주요 신흥 감염증

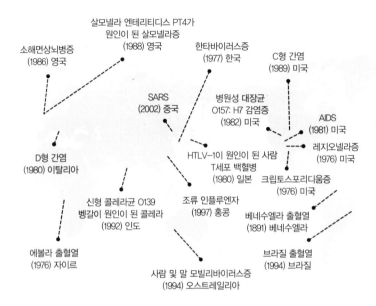

소해면상뇌병증
(1986) 영국

살모넬라 엔테리티디스 PT4가
원인이 된 살모넬라증
(1988) 영국

한타바이러스증
(1977) 한국

C형 간염
(1989) 미국

SARS
(2002) 중국

병원성 대장균
O157: H7 감염증
(1982) 미국

AIDS
(1981) 미국

D형 간염
(1980) 이탈리아

HTLV-1이 원인이 된 사람
T세포 백혈병
(1980) 일본

레지오넬라증
(1976) 미국

크립토스포리디움증
(1976) 미국

신형 콜레라균 O139
벵갈이 원인이 된 콜레라
(1992) 인도

조류 인플루엔자
(1997) 홍콩

베네수엘라 출혈열
(1891) 베네수엘라

에볼라 출혈열
(1976) 자이르

사람 및 말 모빌리바이러스증
(1994) 오스트레일리아

브라질 출혈열
(1994) 브라질

스트는 당시 유럽에서 2,000~3,000만 명(전체 인구의 30퍼센트)을
죽음으로 몰아넣었다. 치사율이 높고 병에 걸리면 피부가 검어지
기 때문에 사람들은 흑사병이라고 하며 두려워했다.

20세기에 들어와서는 유럽을 중심으로 인플루엔자 등의 대유행
이 발생했고, 그 후에도 각지에서 신흥 감염증이 발생해 사람들의
이동과 함께 전 세계로 확산되었다. 신흥 감염증의 경우 바이러스
가 병원체인 감염증이 늘어났으며, 또한 감염성 단백질 등 새로운

유형의 감염증도 발견되었다.

백신 요법과 혈청 요법

인간은 감염증으로부터 몸을 지키기 위한 방법으로 백신 요법과 혈청 요법을 발견해냈다. 백신은 독성을 약화시킨 병원체나 독소를 항원으로 삼아 면역 기억 세포가 항체를 만들게 함으로써 병을 예방하거나 치료한다. 백신 요법은 감염증 예방에 사용되며, 예방 접종으로 항원이나 항체를 사람에게 주사함으로써 감염증에 걸리는 것을 막는다.

한편, 다른 동물에게 항체를 만들게 한 다음 그 항체가 들어 있는 혈청을 주사해서 병을 고치는 방법도 있다. 이것을 혈청 요법이라고 하며, 뱀독의 중독증이나 파상풍 등 긴급을 요하는 환자를 치료할 때 사용된다. 백신 요법의 경우 자신의 몸속에 있는 면역 세포에게 항체를 만드는 방법을 기억시키는 데 비해 혈청 용법은 직접 항체를 몸속에 넣어 병원체로부터 몸을 지키며, 일정 기간이 지나면 항체가 몸속에서 사라져버린다.

항생 물질의 위기

1928년, 영국의 세균학자인 알렉산더 플레밍은 푸른곰팡이가 포도상구균을 죽인다는 사실을 발견했다. 그리고 1940년에는 화학자인 하워드 플로리가 이 성분을 순수하게 추출하는 데 성공해 페니실린이라고 명명했다. 그 후 수많은 항생물질이 발견되면서 항생물질은 지극히 흔한 약이 되었고, 항생물질이라는 무기를 얻은 인류는 자신들을 괴롭혀왔던 결핵과 페스트, 티푸스, 적리, 콜레라 등의 감염증을 마침내 몰아낸 듯 보였다.

그러나 승리의 기쁨도 한순간, 세균은 빠르게 역습을 개시했다. 항생물질이 듣지 않는 '내성균'이 출현한 것이다. 이런 내성균 가운데 현재 원내 감염 등으로 가장 문제가 되고 있는 것이 '메티실린 내성 황색 포도상구균(MRSA)'이다. 메티실린은 내성균에 강한 항생물질로 등장했는데, MRSA는 이조차도 효과가 없는 것이다.

현재 MRSA에 대해 안심하고 사용할 수 있는 항생물질은 반코마이신뿐이다. 이것은 1956년에 사용되기 시작한 이래 40년 이상 내성균이 발견되지 않았기에 비장의 카드로 사용되어왔다. 그러나 20세기 말에 반코마이신 내성균(VRE)의 출현이 보고되었고, 그후에도 반코마이신에 내성을 가진 균이 속속 발견되고 있다.

현재 최후의 보루가 된 것은 2000년에 발매된 리네졸리드다. 인공 합성 화합물인 리네졸리드는 기존의 항생물질과는 전혀 다른 메커니즘으로 세균의 증식을 억제한다. 그러나 리네졸리드 역시 언제 내성균이 나타날지 알 수 없다. 내성균을 낳는 요인으로 생각되는 것 중 하나가 항생물질의 남용이기에, 항생물질은 적절하게 사용되어야 할 필요가 있다.

---(29)---

세포 사회의 파괴자,
암세포

사망 원인 1위가 암일 정도로 암은 우리와 가깝다.
암세포는 몸 전체의 조화를 무시하고 계속해서
무질서하게 증식한다는 특징이 있다.

암세포는 세포 사회의 파괴자

인간의 몸은 약 60조 개에 이르는 세포로 구성되어 있다고 한다. 그 세포 하나하나가 각자의 역할을 충실히 수행하기에 우리는 건강한 상태를 유지한다. 그런데 그전까지 정상적으로 일하던 세포가 어떤 이유로 어느 날 갑자기 역할을 잊어버린 듯 제멋대로 행동하기 시작하는 경우가 있다. 이를 암화라고 하며, 암화된 세포를 암세포라고 한다.

게다가 이 암세포는 몸의 다른 곳으로 전이해 증식을 시작하는 골치 아픈 성질을 지니고 있다. 증식한 암세포는 종양이라는 혹이 된다.

암에 걸리면 음식을 먹어도 영양분의 대부분이 아무런 역할도 하지 않는 암세포의 증식에 사용된다. 그리고 계속 방치하면 암의 종양은 다른 정상적인 장기를 압박하거나, 다른 장기에 전해져야 할 영양분을 빼앗아서 활동을 방해하거나, 다른 장기를 파괴해버린다. 가령 피부의 제일 아래에 있는 기저 세포가 암화되면 그저 분열을 반복할 뿐 각질화되어 몸의 내부를 보호한다는 피부 본연의 역할을 수행하지 않는다. 뿐만 아니라 최종적으로는 때가 되어서 떨어져 나간다는 약속조차 지키지 않고 계속해서 종양으로 남게 된다.

암세포도 본래는 우리의 몸을 만드는 세포였다. 다만 정상적인 세포와 달리 자신의 역할을 수행하지 않고 다른 장기의 생명줄인 영양분을 강탈해 필요 이상으로 증식하며 다른 세포와의 약속을 무시하는, 요컨대 세포 사회의 파괴자가 되어버린 것이다.

암과 유전자

정상적인 세포는 몸속에서 무질서하게 존재하는 것이 아니라 여러 가지 유전자의 제어 아래 일정한 구조를 갖고 적절한 활동을 한다. 이상이 있으면 분열을 멈추고 그 이상을 복구하며, 경우에 따라서는 스스로 죽음을 택한다.

인간의 세포에는 세포 증식의 제어와 관련된 수많은 유전자가 존재한다. 이 가운데 암을 발생시키는 근원이 되는 유전자가 있어서, 이를 원발암 유전자라고 한다. 이 원발암 유전자는 화학 물질이나 방사선 등 다양한 요인을 통해서 암 유전자로 변화해 증식을 촉진하게 된다. 한편 암 억제 유전자라고 하는 유전자도 있는데, 이쪽은 세포의 과도한 증식을 억제한다. 암세포는 원발암 유전자와 암 억제 유전자의 양쪽에 이상이 발생한 세포다.

이와 같이 암은 하나의 유전자의 변화로 생기는 것이 아니라 하나의 세포에 들어 있는 여러 유전자에 변화가 일어나고 이것이 축적되어 발병한다고 추정된다.

다만 암세포가 생겼다고 해서 반드시 암에 걸리는 것은 아니다. 오히려 아직 작을 때 림프구나 백혈구에게 잡아먹히는 경우가 대부분이다. 그러나 고령이 되어서 몸의 방어 시스템이 쇠약해지거나 세포 자체가 노화하면 암세포는 크게 성장할 기회를 맞이하게 된다. 노화 즉 나이 들어간다는 것이 암에 걸리는 가장 큰 조건인 셈이다.

'유사 암'과 '진짜 암'이라는 이분법은 너무 단순하다

'유사 암'이란 게이오 대학교의 방사선과 의사였던 곤도 마코토가 내놓은 '가설'이다. 그는 "암에는 겉모습만으로는 구별할 수 없는 '유사 암'과 '진짜 암'이라는 두 종류가 있다. '유사 암'은 증식 속도도 느리고 침윤도 전이도 일어나지 않기에 서둘러서 치료할 필요가 없다. 한편 '진짜 암'은 극초기부터 침윤과 전이를 일으키기 때문에 발견되는 시점에는 이미 치료를 해도 예후가 개선되지 않는다. 따라서 암의 조기 발견·조기 치료는 무의미하다"라고 주장한다. 그의 가설은 의료를 불신하는 분위기가 있는 가운데 강한 영향력을 발휘하고 있는 듯하다.

암은 그의 주장처럼 두 가지로 단순하게 나눌 수 있는 문제가 아니다. 매우 다양한 암 질환이 있고 악성도 제각각이다. 각 질환에 맞춰서, 또 환자의 상황에 맞춰서 치료법을 궁리하는 편이 좋다. 최대한 근거에 입각해서 치료법을 선택하자.

30

비눗방울 속에 막과 섬유질이 한가득

우리 몸은 60조 개나 되는 세포로 구성된다.
세포는 세포 소기관이라는 막·섬유·알갱이로 가득 채워져 있고,
이 세포 소기관의 활동이 생명 활동의 기반이 된다.

의외로 복잡한 세포의 내부

생물의 몸은 전부 세포로 구성되며 세포는 생물의 기본 단위다. 이러한 개념을 '세포설'이라고 하는데, 지금은 세상에 두루 받아들여지는 상식이 되었다.

그런데 "그래서 세포가 뭐야?"라는 질문을 받는다면 어떻게 대답하겠는가? "둥근 주머니 속에 '매실장아찌' 같은 것이 들어 있고……." 과학 교과서를 보면 반드시 이런 그림이 나온다. 그러나 '주먹밥'처럼 생긴 그 그림은 세포의 진짜 모습을 나타낸 것이 아

니다.

먼저, 생물의 몸은 세포로 구성되지만 그 생물을 구성하는 세포가 전부 똑같은 것은 아니다. 사람의 몸만 봐도 피부나 근육, 뼈, 신경이 되는 세포, 소화액이나 호르몬을 만들기 위한 선세포, 혈액 속에 들어 있는 적혈구나 백혈구 등 270종류에 이르는 세포가 있으며, 저마다 형태가 다르다. 가령 근육의 세포는 수축 기능을 지닌 '세포 골격'이라는 섬유 형태의 구조를 극단적으로 발달시켰으며, 전체도 길쭉하게 변형되었기 때문에 근섬유라고 하기도 한

전형적인 근세포·신경 세포, 적혈구의 이미지

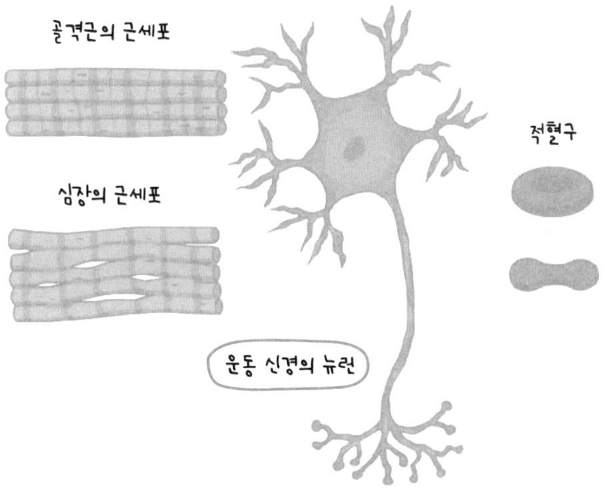

골격근의 근세포

심장의 근세포

적혈구

운동 신경의 뉴런

다. 신경 세포는 뉴런이라고 하며, 길쭉한 나뭇가지처럼 분화된 돌기가 여러 개 뻗어 다른 뉴런과 연계해 온몸의 정보 전달 네트워크를 형성한다. 선세포는 소화 효소나 호르몬을 만들어 분비하기 위해 그 공장이자 수송로이기도 한 '골지체'라는 얇은 주머니 모양의 구조를 발달시켰다. 또한 적혈구는 세포가 성숙되는 과정에서 '핵'이 빠져나간 결과 작고 유연해짐으로써 온몸에 퍼진 모세혈관의 구석구석까지 산소를 운반할 수 있게 된다.

지금 등장한 '골지체', '세포 골격', '핵'을 비롯해 호흡과 관련 있는 '미토콘드리아'나 광합성과 관련 있는 '엽록체' 같은 세포 내의 구조물을 세포 소기관이라고 한다. 세포의 진짜 모습은 이들 세포 소기관이 '세포막'이라는 얇은 주머니 속에 빈틈없이 빽빽하게 채워져 있어 매우 복잡한 구조를 띤다.

세포막은 비눗방울

물만으로 거품을 만들려고 하면 금방 터져버리지만, 비눗물로 거품을 만들면 비눗방울이 되어 한동안 공기 속을 떠다닌다. 왜일까? 비누에는 계면 활성제라는 성분이 들어 있다. 계면 활성제는 하나의 분자 속에 물에 잘 녹는 부분(친수기/머리 부분)과 물에 녹지 않는 부분(소수기/꼬리 부분)을 모두 가진 물질을 가리킨다. 비눗물

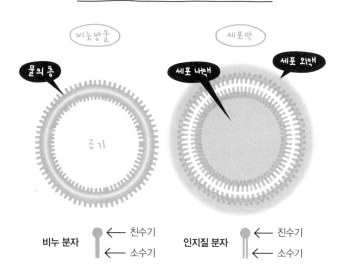

비눗방울의 구조 모델과 세포막의 구조 모델

로 비눗방울을 만들면 비누 분자(계면 활성제)의 머리 부분이 물 분자로 구성된 얇은 막의 안팎을 사이에 끼우듯 코팅해 3층 구조의 튼튼한 막을 형성한다. 물론 튼튼하다고 해도 물거품에 비해 그렇다는 말이며, 실제 비눗방울은 시간이 지나면 터지고 만다.

세포를 덮고 있는 세포막도 비눗방울의 막과 매우 비슷하다. 세포막의 주성분은 계면 활성제의 일종인 '인지질'이라는 물질이다. 비눗방울과 다른 점은 세포막의 경우 세포 외액(체액)과 세포 내액의 사이에 끼어 있기 때문에 분자의 머리 부분을 바깥쪽으로, 꼬리 부분을 안쪽으로 향한 채 나열된다는 것이다. 이렇게 해서 생긴 2층 구조를 지질 이중층이라고 한다. 그 성질은 비눗방울과 마찬가지로 부드럽고 자유자재로 변화하지만 액체 속에 있는 까닭에 터질 우려가 없다. 세포막이 이런 구조를 띠고 있기에 세포는 분열되거나 합체하는 등 역동적으로 움직일 수 있는 것이다.

31

클론을 만드는
생물들

생물의 세계에서는 클론을 통해서 자손을 남기는 생물이 적지 않다.
최근에는 유전 연구를 통해, 클론으로 증식하는 생물의 생활상이 밝혀지고 있다.

성별이 없는 생물

우리가 아는 동식물은 대부분 암컷과 수컷이 있다. 암컷과 수컷
이 짝짓기를 해서 자식을 만드는 방식을 유성 생식이라고 하는데,
한편으로 암컷과 수컷의 짝짓기 없이 자식이 만들어지는 무성 생
식도 있다. 기본적으로 무성 생식을 통해 태어나는 자식은 어미와
유전적으로 같은 클론이 된다.

클론 양 돌리 같은 인공적인 클론이 축산과 의료 분야에서 주목
을 받고 있는데, 생물의 세계에서 클론은 결코 드물지 않다. 무성

생식의 종류로는 몇 가지가 알려져 있다. 대표적인 예로는 세균이나 효모 등의 단세포 생물에서 볼 수 있는 분열, 플라나리아나 멍게 등에서 볼 수 있는 출아(出芽)나 분열 등이 있다. 식물에게서는 덩이뿌리나 무성아를 통해서 증식하는 영양 생식도 널리 발견된다. 또한 무척추동물이나 식물을 중심으로 미수정란이 수정 없이 발생해 자식이 태어나는 단위생식 등도 알려져 있다.

서양민들레의 종자

우리와 친숙한 식물 중에서는 봄망초와 서양민들레 등이 단위생식을 하는 것으로 알려져 있다. 유럽이 원산지인 서양민들레에는 다양한 종이 있는데, 그중에는 수정을 하지 않고 종자를 만드는 단위생식종과 수정을 해서 종자를 만드는 유성생식종이 있다. 유럽의 극히 일부 지역에는 유성생식을 하는 서양민들레가 살고 있지만, 일본에서 볼 수 있는 서양민들레는 대부분이 단위생식을 하는 종이다.

서양민들레의 단위생식은 간단히 살펴볼 수 있다. 시험 삼아 꽃이 피기 직전에 꽃봉오리의 윗부분을 가위나 칼로 잘라내 보기 바란다. 그러면 암꽃술의 주두가 잘라진 꽃에서도 종자가 만들어진다. 만약 유성생식을 하는 민들레라면 주두가 없기 때문에 수정을

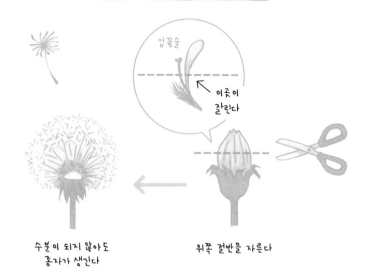

서양민들레의 꽃봉오리를 자르는 실험

암꽃술

이곳이
잘린다

수분이 되지 않아도
종자가 생긴다

위쪽 절반을 자른다

하지 못해 종자를 만들지 못해야 하지만, 단위생식을 하는 서양민들레는 주두가 없어도 종자를 만들 수 있는 것이다.

붕어의 의외의 모습

무척추동물이나 식물에서는 클론이 드물지 않지만, 척추동물에서는 클론을 만드는 경우가 드물다. 그런데 일본에서도 흔히 볼 수 있는 붕어는 놀랍게도 클론을 만든다.

붕어는 클론으로 암컷만을 만든다고 알려져 있다. 암컷의 미수

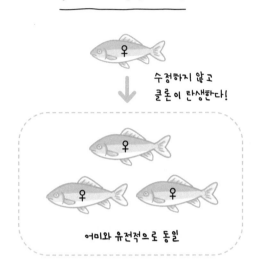

붕어의 새끼가 탄생하는 과정

수정하지 않고
클론이 탄생한다!

어미와 유전적으로 동일

정란이 정자의 유전자와 섞이지 않고 발생하기 때문에 유전적으로 동일한 새끼가 태어나는 것이다. 다만 붕어의 미수정란이 발생하려면 정자의 자극이 필요하다. 정자의 유전자는 사용되지 않지만 정자 자체는 필요하다는 말이다.

서양민들레와 붕어는 양쪽 모두 클론으로 자식이 만들어지므로 어떤 집단에는 유전적으로 동일한 개체만 존재할 것처럼 생각된다. 그런데 어떤 한정된 지역이나 그보다 좀 더 넓은 지역을 상세히 조사해보면 유전적으로 다양한 자손이 존재한다는 사실이 최근 연구를 통해 밝혀졌다.

이와 같은 새로운 클론이 만들어지는 메커니즘에는 생물의 구조와 진화에 관한 실마리가 담겨 있을 것이다.

동물들의
섹시한 이야기

'성(性)'과 '생식'은 다르다. '성'은 다른 개체의 유전자를 받아서
자신의 유전자를 재구성하는 메커니즘을 뜻한다.
'생식을 동반하지 않는 성'이나 '성별이 16가지나 되는 짚신벌레의 성' 등,
'성'에는 신기한 이야기가 가득하다.

'성'과 '죽음'

짚신벌레나 유글레나 같은 단세포 생물들은 몸을 분열시켜서 새로운 개체를 만들 수 있다. 자신의 몸이 둘로 갈라져서 그 하나하나가 자식이 된다. 이것은 다시 말해 어미의 생명 활동이 그대로 자식에게 직접 계승된다는 뜻이다. 어미의 생명이 끊어지지 않고 계속되므로 이를 '죽음'이라고 할 수는 없다. 따라서 분열을 통해 증식하는 생물은 '불사의 생물'로 간주할 수 있다.

그러나 아무리 '불사'라 해도 언제까지나 무한히 분열을 계속할

수는 없다. 생물의 종류에 따라 차이는 있지만, 분열할 수 있는 횟수에는 한계가 있다. 이 한계를 초기화하려면 같은 종류의 개별체와 합체(접합)해 그대로 융합하거나 핵을 교환하는 등의 방법으로 새로운 유전자를 받아들여야 한다. 이때는 분열 횟수가 초기화될 뿐만 아니라 상대의 유전자를 받아들임으로써 그때까지 자신에게 없었던 성질을 얻을 수도 있다. 이는 '새로 태어나는' 것과 다름이 없다. 이렇게 해서 다른 개체로부터 유전자를 받아 자신의 유전자를 재구성하고 새로운 성질을 획득해나가는 메커니즘을 '성(Sex)'이라고 한다. 인간의 생활이나 동물원에서 볼 수 있는 생물들만을 생각하면 '성'이라는 말을 들었을 때 곧바로 '교미'나 '생식' 등을 연상하기 쉽지만, 본래의 '성'은 좀 더 폭넓은 개념이다.

남녀의 관계는 상당히 '편하다'!?

'성(性)'이라는 단어를 사전에서 찾아보면 제일 먼저 '암수의 구별'이라는 구절이 나온다. 'Sex'라는 말도 '나눈다'라는 의미의 옛말인 'Secus'에서 유래했다. 요컨대 '성'은 일본어에서든 영어에서든 본래 '구별한다'라는 의미를 지닌 말이다. 분명히 인간을 비롯해 주변 생물들을 바라보면, 각 개체는 암수 중 어느 하나의 성에 속해 있다. 성이 없는 개체도 없고, 암 또는 수가 아닌 다른 성이 존재하지도 않는다.

이와 같이 암수의 구별은 모든 생물이 갖춘 지극히 기본적인 성질처럼 생각되지만, 다양한 생물을 관찰해보면 사실은 그렇지도 않음을 알 수 있다. 가령 짚신벌레는 성별이 16가지나 된다고 알려져 있다. 이 경우의 성별은 겉모습으로 판단할 수 있는 것이 아니며, 접합할 수 있느냐 없느냐로 구별된다. 요컨대 접합하지 못할 경우는 동성, 접합할 수 있는 경우는 이성인 것이다.

성별의 종류가 많은 생물로는 짚신벌레 같은 미생물 이외에도 치마버섯이라는 버섯이 있다. 이 버섯의 경우는 성별의 가짓수가 무려 2만 5,000가지 이상이다. 이 경우의 성별도 접합할 수 있느냐 없느냐를 기준으로 판단한 것이지만, 반대로 자신과 동성인 개체와 만나는 것 자체가 어렵겠다는 생각도 든다. 그렇게 되면 인간의 '남녀'라는 두 성의 관계는 지극히 단순하다고 말할 수밖에 없다.

동물의 다양한 생식 방법

암컷과 수컷의 유전자를 혼합해서 새로운 개체를 만들기 위해 정자를 난자가 있는 장소까지 보내는 행위를 '교미' 또는 '짝짓기'라고 한다. 우리가 속한 포유류의 층위에서는 짝짓기 방법에 그리

큰 차이가 없다. 그러나 시야를 조금 넓혀서 바라보면 우리 주위에서도 생식 방법이 특이한 생물을 찾아볼 수 있다.

우리가 평소 식재료로 자주 이용하는 문어의 짝짓기는 그 순간만을 보면 그다지 로맨틱해 보이지 않는다. 짝짓기용으로 발달한 하나의 팔을 사용해서 정자가 들어 있는 정협이라는 캡슐을 잡아뜯어 암컷의 몸속에 삽입한 뒤 팔째로 잘라낸다. 짝짓기를 하기 전에는 암컷에게 애정이 넘치는 구애 행동을 한다는데, 정작 짝짓기는 어딘가 무뚝뚝하게 느껴진다.

반대로 아귀는 감히 흉내도 못 낼 듯한 궁극의 애정 표현을 한다. 심해에 서식하는 아귀의 사회에서는 암컷과 수컷의 만남이 좀처럼 일어나지 않는다. 그래서 수컷은 일단 발견한 암컷을 절대 놓치지 않기 위해 궁리를 할 필요가 있다. 먼저, 암컷의 몸을 덥석 문다. 그리고 문 부분을 소화 효소로 조금씩 녹여 최종적으로는 암컷의 몸과 융합해버리는데, 융합한 수컷은 그 후 암컷의 몸의 일부로서 살게 된다. 다행인지 불행인지, 수컷의 몸은 암컷보다 훨씬 작은 까닭에 그렇게 해도 암컷은 거추장스럽게 여기지 않는 모양이다.

33

식물은 어떻게
자손을 남길까?

움직이지 못하는 식물은 어떻게 자손을 남길까?
식물의 생식 방법을 살펴보자.

식물은 이렇게 자손을 늘린다

움직이지 못하는 식물이 자손을 남기려면 유전적인 다양성을 희생하며 자손을 남기거나, 유전자를 어떻게든 이동시켜 유전적 다양성을 유지하거나 둘 중 하나를 선택해야 한다. 식물의 생식 방법 중 하나로 무성 생식이 있다. 앞서 이야기했듯이 어미의 몸의 일부가 분열해 새로운 개체가 되는 방식이다.

그러나 이 경우는 환경이 바뀌거나 병에 걸리거나 하면 순식간에 멸종의 위험에 빠져버린다. 그래서 유성 생식이 등장한 것이다. 동물과 마찬가지로 수컷의 배우자(정자 또는 정세포)와 암컷의 배우자(난세포)를 합체시킴으로써 유전자를 섞어, 유전적으로 다양한 개체를 만드는 방식이다. 이렇게 하면 어떤 병의 바이러스가 만연하더라도 바이러스를 이겨내는 개체가 생겨나며, 환경이 바뀌더라도 환경에 적응하는 개체가 나타나 멸종을 피할 수 있다.

식물이 유전자를 이동시키는 방법은 두 가지로, 정자를 통한 방식과 꽃가루를 통한 방식이 있다.

정자로 수정을 하는 종자식물이 있다!

이끼식물과 양치식물은 정자가 물속을 이동해서 난세포에 도달해 수정한다. 따라서 적절한 시기에 물이 없으면 수정은 되지 않는다. 종자식물 중에도 은행나무와 소철나무는 운동하는 정자를 만들어 수정한다. 은행나무의 경우, 밑씨의 구멍으로 들어간 꽃가루가 안에서 꽃가루관을 뻗고 성숙한 뒤 밑씨 구멍 속의 액체에 정자를 방출한다. 그리고 정자는 아주 짧은 거리이지만 밑씨 속의 공간을 헤엄쳐서 난세포에 도달해 수정한다. 5월경에 꽃가루가 밑씨 구멍에 들어간 뒤 정자가 헤엄을 치기 시작하기까지 약 4개월이 걸린다.

꽃가루의 다양한 이동 방법과 속씨식물의 수정

식물은 진화를 통해 꽃가루로 유전자를 이동시킨다는 획기적인 방법을 만들어냈다. 꽃가루가 이동하는 방식에는 생물에 의지하지 않는 방법과 생물에 의지하는 방법이 있다. 생물이 아닌 꽃가루 매개자로는 바람과 물이 유명하다. 이 경우 대량의 꽃가루를 공중에 뿌릴 필요가 있는데, 이래서는 귀중한 꽃가루의 대부분이 낭비될 수 있다.

그래서 진화한 방식이 동물을 매개자로 삼는 것이다. 곤충을 매개자로 삼는 충매화는 속씨식물에서 자주 볼 수 있는데, 곤충과의 조합은 매우 다양한 종류를 만들어냈다. 서로 이익을 주고받으면서 진화해온 것이다.

곤충 이외에 독특한 꽃가루 매개자를 가진 식물들도 있다. 가령 바나나나 망고는 박쥐를 매개자로 삼아 꽃가루를 운반하며, 만년청이나 괭이눈은 달팽이나 민달팽이 같은 육상패류를 매개자로 삼는다.

운반된 꽃가루가 암꽃술의 주두에 닿으면 꽃가루관이 뻗어 나오며, 그 속을 정세포 두 개가 이동한다. 그중 하나는 난세포와 합체해 수정란이 되고, 다른 하나는 밑씨의 중심 세포와 합체해 배유(배젖)를 만든다. 이를 중복 수정이라고 하는데, 속씨식물 특유의 수정 방법이다. 배유를 만드는 쪽은 유전자가 남지 않지만, 암꽃의 배우체에 수꽃의 유전자가 들어감으로써 배유의 크기를 조절하는 것으로 추정된다.

속씨식물의 다양한 성 표현

속씨식물에서는 다양한 성 표현을 관찰할 수 있다. 먼저, 가장 일반적인 것은 암꽃술이 하나 있고 그 주위에 수꽃술이 수 개에서 수십 개 있는 형태다. 속씨식물의 종류 중 약 70퍼센트가 이와 같이 양성(兩性)의 성질을 지닌 꽃(양성화)을 만든다.

한편 수꽃술만 있는 꽃(웅성화)이나 암꽃술만 있는 꽃(자성화)도 있으며, 같은 개체에 자성화와 양성화가 달리는 것, 웅성화와 양성화가 달리는 것, 웅성화와 자성화가 달리는 것, 자성화 또는 웅성화만 달리는 자웅이주 등 실로 다양한 종류가 존재한다. 꽃가루를 이동시키기에 유리하도록 진화한 결과 이처럼 다양한 성 표현이 탄생한 것이다.

5

우리의 진짜 생일은
언제일까?

수정란이 성체가 되는 과정을 발생이라고 하며,
피부, 근육, 소화관 등 다양한 형태와 역할을 가진 세포로 나뉘는 것을
세포의 분화라고 한다.

동물의 발생

알에서 태어나는 동물도, 어미의 배 속에서 태어나는 동물도,
본래는 수정란이라는 단 하나의 작은 세포였다. 처음에는 모두 거
의 비슷한 하나의 세포로 구성된 수정란이었던 것이다. 물론 동물
의 종류가 다르면 수정란 하나가 지니고 있는 유전 정보는 달라진
다. 유전 정보는 그 동물의 설계도이므로 이를 바탕으로 만들어진
동물의 형태도 달라진다.

인간의 발생 – 수정란에서 배아로

우리 인간의 경우는 '생일(어머니의 배 속에서 나온 날)'까지의 약 270일을 어머니의 배 속에서 보낸다. 처음에는 수정란으로서, 그 다음에는 아기로서다. 그러므로 진짜 생일, 즉 수정란이 생긴 시기는 어머니의 배 속에서 나온 날로부터 약 270일 전이라고 할 수 있다.

태어난 날로부터 약 270일 전에는 지름이 약 0.1밀리미터인 수정란이었다. 난자는 보통 한 달에 한 번 여성의 난소에서 방출되는데, 방출되고 24시간 이내에 정자와 만나지 않으면 죽고 만다. 한편 정자는 한 번에 1억 개 이상이 남성의 정소에서 방출되는데, 그중에서 난자 근처까지 도달하는 데 성공하는 것은 약 100개, 그리고 난자와 합체하는 데 성공하는 것은 단 1개에 불과하다.

수정란은 생긴 지 24시간 정도가 지나면 분열을 시작한다. 이 현상을 난할 또는 난분할이라고 한다. 처음에 하나의 세포였던 것이 2개가 되고, 2개가 4개, 4개가 8개……와 같은 식으로 늘어난다. 이때 분열로 생긴 세포와 세포는 멀리 떨어지지 않고 서로 붙어 있는 상태를 유지한다.

수정 후 4일 반이 지나면 세포 수는 100개를 넘기며, 이를 배아라고 한다. 그리고 이 무렵이 되었을 때 비로소 어머니의 자궁벽에 착상한다. 그전까지는 부평초 같은 상태이며, 자신의 세포 속의 영양분을 사용해서 살아간다. 자궁벽에 붙은 뒤로는 어머니의 몸에서 태반을 통해 영양과 산소를 충분히 공급받을 수 있다.

인간의 발생 - 세포의 분화와 태아의 성장

배아를 구성하는 수많은 세포는 이윽고 성질이 다른 세포로 나뉘어간다. 어떤 세포는 피부의 근원이 되는 세포로, 어떤 세포는 뼈의 근원이 되는 세포로, 또 어떤 세포는 근육의 근원이 되는 세포로 분열을 거듭하면서 변화해가는 것이다.

이와 같이 성질이 다른 세포로 나뉘는 것을 세포의 '분화'라고 한다. 만약 이 '분화'가 일어나지 않는다면 우리의 몸은 그저 고깃덩어리에 불과했을 것이다.

수정 후 2주가 지나면 배아는 성장해 1밀리미터 정도가 된다. 이 무렵의 아기는 긴 꼬리와 아가미가 달려 있어서 도저히 인간의 아기로는 생각되지 않는 모습이지만, 임신 7주경에는 손과 발이 뚜렷해지며 인간 아기의 모습으로 성장한다. 수정 후 8주가 되면 크기는 대략 4센티미터가 되며, 수정 후 21주에는 신장이 30센티미터까지 성장하고 손발이 상당히 길어진다.

그리고 수정 후 30주가 되면 아기는 배 속에서 나올 때와 거의 같은 모습을 갖춘다. 신장은 약 40센티미터, 몸무게도 2,000그램에 가깝게 성장한다.

이렇게 해서 인간의 수정란은 약 38주에 걸쳐 신장 약 40센티미터, 몸무게 약 3,000그램까지 성장한다. 신생아일 때의 세포 수는 약 3조 개이며, 출생 후에도 세포 분열을 거듭하며 성장해 성인이 되었을 때는 약 60조 개로 늘어난다.

일란성 쌍둥이와 이란성 쌍둥이

일란성 쌍둥이는 처음에 하나의 수정란이었던 것이 착상 이전의 시기에 어떤 영향을 받아 둘로 나뉘어서 각각 성장한 것이다. 본래는 1인분인 것이 둘로 나뉘어 생긴 것이기에 유전 정보가 완전히 동일하다. 따라서 기본적으로 성별이 각기 다른 일란성 쌍둥이란 있을 수 없다.

한편 이란성 쌍둥이는 난소에서 한 번에 2개가 배란되고 그 2개가 각각 수정되어서 생긴다. 형제자매가 동시에 어머니의 배 속에서 자라고 동시에 태어나는 식이다. 그런 까닭에 서로 그리 닮지 않은 쌍둥이나 성별이 다른 쌍둥이도 흔하게 존재한다.

35

유전인가 환경인가,
모든 것은 유전자가 결정한다?

부모의 성질이나 형질이 자식에게 전해지는 것을 유전이라고 한다.

유전자라는 말

일상생활 속에서도 유전이라든가 유전자라는 말을 접할 기회가 많아졌다. '창업자의 유전자를 이어받은 제품' 등, 생물이 아닌 것을 표현할 때조차 유전자라는 말을 사용하는 경우가 있다. 부모의 형질이 자녀에게 계승된다는 유전이라는 개념 자체는 매우 오래 전부터 알려져 있었다. 고대 바빌로니아 시대의 점토판에서는 사육하는 동물의 형질이 대대로 전해지는 모습을 묘사한 기록이 발견되었다. 가축화한 동물이나 밭에서 재배하기 시작한 식물을 관찰함으로써 특정한 성질이 계승된다는 사실을 발견하고 품종 개량이 가능함을 깨달았을 것이다.

오스트리아의 수도사였던 그레고어 멘델은 완두콩을 교배하는 실험을 반복함으로써 특정 형질이 다음 세대로 계승된다는 사실을 증명했다. 멘델은 포도의 품종 개량에도 힘을 쏟았는데, 고이시카와 식물원(도쿄대학교 부속 식물원)에는 멘델이 실험에 사용했던 포도의 클론이 자라고 있다.

클론 인간은 가능한가?

자신과 똑같은 모습을 한 인간, 즉 클론 인간을 만들어내는 것은 SF 영화의 세계에서 인류의 꿈처럼 묘사되어왔다.

애초에 클론은 식물의 꺾꽂이(삽목)를 가리키는 말이다. 식물은 가지 등을 꺾어서 흙에 꽂으면 그 가지에서 뿌리가 나와 자라는 경우가 있다. 한편 동물의 경우는 식물처럼 간단하지가 않다. 몸의 일부를 잘라내면 그 조각에서 똑같은 개체가 재생되는 플라나리아 같은 특수한 동물도 있지만, 인간의 경우는 몸의 일부를 잘라내서 배양해도 몸 전체를 재생하기는 불가능하다.

인위적인 클론 동물로는 돌리라는 이름의 양이 유명하다. 그러나 돌리에게서는 어린 나이에 관절염 증상이 나타나는 등 빠르게

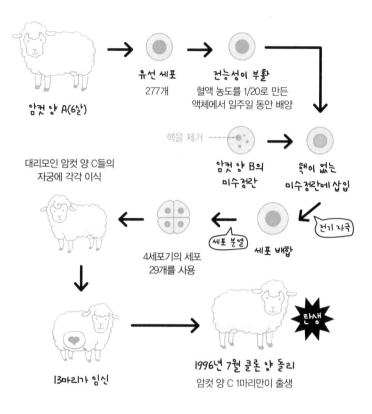

유선 세포

277개

전능성이 부활

혈액 농도를 1/20로 만든
액체에서 일주일 동안 배양

암컷 양 A(6살)

핵을 제거

암컷 양 B의
미수정란

핵이 없는
미수정란에 삽입

대리모인 암컷 양 C들의
자궁에 각각 이식

전기 자극

세포 분열

세포 배합

4세포기의 세포
29개를 사용

13마리가 임신

탄생

1996년 7월 클론 양 돌리

암컷 양 C 1마리만이 출생

노화하는 징후가 나타났으며, 유전자의 활성까지 제어하기가 어렵다는 등 다양한 문제가 노출되었다. 현재 대부분의 선진국은 윤리적 차원의 문제로 클론 인간의 제작을 금지하고 있다.

다만 유전적인 구성이 완전히 똑같은 상태를 클론이라고 한다는 정의에 따르면 클론 인간은 이미 존재한다. 일란성 쌍둥이다.

하나의 수정란이 둘로 분열되어 탄생하는 쌍둥이는 성별과 외모 등이 완전히 똑같다. 다만 유전자의 구성이 완전히 똑같을 터인 쌍둥이도 완전히 똑같은 인생을 살게 되는 일은 없다.

생물의 성질 중 많은 부분은 유전자를 통해서만 결정되지 않으며 후천적인 요인에 따라서 크게 변화한다. 하물며 성격 등을 본래의 인간과 완벽하게 똑같이 복제하기는 불가능하다. 설령 독재자의 유전적 클론을 만드는 데 성공하더라도 같은 사고방식을 가진 독재자가 태어나는 일은 없을 것이다.

돌연변이는 진화의 첫걸음?

돌연변이라는 말을 들으면 기형이 연상되어서 왠지 무섭게 생각되는 사람이 적지 않을 것이다. 그러나 세포의 층위에서는 유전자나 염색체가 돌연변이를 일으키는 현상이 상당히 빈번하게 일어난다. 자외선이나 방사선 등이 영향을 끼쳐서 일어나기도 하고, 세포가 분열해서 늘어날 때 복제 오류로 생겨나기도 한다. 또한 체세포에서 일어나는 돌연변이는 대부분 수복되며, 설령 수복되지 않고 남았더라도 그 세포나 개체에만 머무를 뿐 다음 세대로 계승되지는 않는다.

그러나 생식 세포에서 돌연변이가 일어나면 부모와 다른 형질이 자식에게서 나타나는 경우가 있다. 이런 변이는 한 세대에 끝나기도 하지만, 드물게 몇 세대에 걸쳐 전해지기도 한다. 그리고 변이가 몇 세대에 걸쳐 계승되면서 고정화되어가면 언젠가는 새로운 종이 된다. 돌연변이는 새로운 종을 만들어내는 진화의 첫걸음이기도 한 것이다.

36

우성과 열성,
어느 쪽이 우월할까?

유전 용어인 우열은 강함과 약함을 나타낸다.
유전이 일어날 때 그 성질이 감춰지는 유전자를 열성 유전자라고 한다.

우성의 '우'는 우수함의 우?

유전에는 우성 유전과 열성 유전이 있다. 우열이라고 하니 왠지 우성이 열성보다 더 우월한 것처럼 생각되겠지만, 그렇지는 않다. 우리의 몸은 이배체(二倍體)로, 아버지와 어머니에게서 유래한 유전자가 쌍을 이루며 존재한다. 식물 중에는 삼배체나 사배체인 것도 존재하지만, 동물은 대부분 난자와 정자를 사용해서 생식하기 때문에 이배체다. 우성인 유전자는 하나만 있어도 그 형질을 발휘한다.

예를 들어 흰 고양이의 흰색 털을 만드는 유전자는 W유전자라고 하는데, 그 흰털 유전자가 두 개 갖춰지면 당연히 흰 고양이가 되지만 하나만 있더라도 흰 고양이가 된다. 이때 흰털 유전자를 우성 유전자, 그 유전자의 그늘에 가려져 형질을 발휘하지 못하는 또 하나의 유전자를 열성 유전자라고 한다. 유전학에는 우성 유전자를 알파벳의 대문자로, 열성 유전자를 소문자로 표기한다는 약속이 있다. 그래서 흰 고양이가 되는 두 종류의 조합을 WW와 Ww, 흰 고양이 이외의 조합을 ww로 표기한다. 우성과 열성이라는 명칭 때문에 우생학과 혼동하는 경우가 있는데, 열성 유전자는 형질이 잘 발현되지 않는 약한 유전자일 뿐 결코 열등한 유전자라는 의미가 아니다. 다만 혼동을 줄 수 있기 때문에 '우세', '열세'라고 표기를 바꾸자는 운동도 있다.

감춰져 있는 것은 눈에 보이지 않는다

앞서 예로 들었던 흰 고양이 가족을 다시 한 번 생각해보자. 아빠 고양이는 흰털 유전자를 두 개, 엄마 고양이는 흰털 유전자를 한 개만 가지고 있다고 가정한다. 새끼는 아빠에게서 흰털 유전자 한 개를 확실히 받지만, 엄마에게서는 흰털 유전자를 받을 수도 있고 다른 유전자를 받을 수도 있다. 요컨대 흰털 유전자를 한 개는 반드시 받으므로 새끼들은 전부 흰 고양이가 된다.

그렇다면 아빠 고양이와 엄마 고양이가 모두 흰털 유전자를 한 개만 가지고 있을 경우는 어떻게 될까? 이 경우 태어날 수 있는 새끼 고양이는 흰털 유전자 두 개인 새끼 고양이, 흰털 유전자가 한 개인 새끼 고양이, 흰털 유전자가 없는 새끼 고양이의 세 종류 다. 이때 비로소 열성인 새끼 고양이, 즉 흰 고양이 부모에게서 흰색이 아닌 털을 가진 새끼가 태어나 깜짝 놀라게 될 수 있다.

열성 유전되는 성질이 표현형으로 나타나지 않고 유전자 속에 감춰져 있는 상태를 "인자를 가지고 있다"라고 표현하기도 한다. 실제로는 고양이의 털색을 결정하는 유전자가 9종류나 있기 때문에 복잡한 조합을 통해 털의 색깔과 무늬가 결정된다. 그러나 흰털 유전자, 즉 W유전자는 그중에서도 최강이어서 다른 모든 유전자의 영향을 억누르고 반드시 온몸이 새하얀 고양이로 만들어버린다. ww가 되었을 때 비로소 다른 유전자가 영향력을 발휘해 다른 털색의 고양이가 태어나는 것이다.

"하지만 우리 집 고양이는 흰색 털하고 검은색 털이 섞여 있는데?"라고 말하는 사람도 있을 것이다. 여담이지만, 흰털을 만드는 유전자로는 최강의 유전자인 W 이외에 S도 있다. 털색 유전자가 ww로 열성인 상태에서 S유전자를 하나라도 가지고 있으면 흰 양

말을 신은 검은 고양이나 흰색과 갈색 털을 가진 고양이 등이 태어나게 된다.

쌍꺼풀과 외꺼풀

우리 인간에게도 겉모습은 중요한 관심사다. 특히 여성은 눈이 커 보이는 쌍꺼풀을 선호하는 경향이 있는데, 눈꺼풀의 형태도 유전에 따라 결정된다. 눈꺼풀판을 들어 올리는 근육의 구조에 따라 형태가 달라지는데, 일본인의 약 절반은 외꺼풀이라고 한다. 외꺼풀은 인류가 아시아인의 선조가 되는 몽골로이드로 분기한 뒤에 획득한 변이로, 추운 환경에 적응하기 위한 것으로 생각되고 있다. 눈꺼풀이 도중에 접히는 쌍꺼풀은 한랭지에서 움직이는 데 어려움을 겪을 때가 있기 때문이라고 한다. 아시아인 특유의 깔끔한 외꺼풀은 서양인이 아무리 원해도 손에 넣을 수 없는 특징인 것이다. 그 밖에도 유전자의 강약이 만들어내는 특징은 의외로 많다.

최근에는 과학의 진보로 이런 표현 형질을 관장하는 유전자에 관해 자세히 알게 되었다. 픽션의 세계에서는 태어날 아이의 머리카락이나 눈의 색을 사전에 결정하는 디자이너 베이비가 자주 등장하며, 여기에서 더 나아가 IQ나 운동 능력까지도 유전자 디자인으로 제어하는 세상을 꿈꾸는 사람도 많다. 이를 실현하기 위해서는 아직 넘어야 할 산이 많지만, 유전자 진료 기술의 진보와 인공 수정의 증가는 그런 미래조차도 예견하게 한다.

37

멘델이 발견한
유전의 법칙이란?

'유전학의 아버지' 멘델이 발견한 유전의 법칙 가운데
분리의 법칙과 독립의 법칙에 관해 살펴보자.

분리의 법칙이란?

분리의 법칙이란 부모가 가지고 있는 한 쌍의 유전자가 생식 세
포에 각각 한 개씩 들어갔다가 수정 후 다시 합체한다는 것이다.
그 유전자의 조합이 생물의 형태나 성질을 결정한다. 멘델은 완두
콩을 이용해서 실험을 했는데, 동그란 종자만을 만드는 부모와 주
름 잡힌 종자만을 만드는 부모를 교배하니 자식은 동그란 종자만
을 만들었으며, 또한 그 자식끼리 교배해 손자를 만들자 동그란
종자와 주름 잡힌 종자가 3 대 1의 비율로 나타났다. 이 결과는 동

그란 종자 또는 주름 잡힌 종자를 만드는 유전자가 부모의 생식세포(꽃가루에서 보내는 정세포와 밑씨의 내부에 있는 난세포)에 나뉘어 들어간 뒤 수정해 합체했을 때의 유전자 조합이 종자의 형태를 결정한다는 것으로 설명이 가능하다.

자식의 세대에서는 '주름 잡힌 종자'라는 성질이 감춰졌지만 '주름 유전자'가 두 개 합쳐지는 일(열성 호모)이 발생한 결과 손자의 세대에서 '주름 잡힌 종자'가 다시 나타난 것이다. 이는 자식끼리 교배하는 근친 교배의 결과라고 생각할 수 있다.

인간의 유전과 근친 교배

인간의 경우 근친 교배가 어떤 영향을 가져올까? 인간을 포함한 대부분의 생물은 어떤 원인 유전자를 가진 결과 병에 걸리는 경우가 있다. 그 유전자가 두 개 모였을 때 비로소 병에 걸리는 경우를 생각해보자. 평범한 사람은 그 병의 원인 유전자를 가지고 있지 않으므로 그 사람들이 결혼해서 낳은 아이도 당연히 병에 걸리지 않는다.

다음으로, 아버지는 병에 걸리지 않았지만 원인 유전자를 가지고 있고 어머니는 가지고 있지 않을 경우는 어떻게 될까? 그 두 사람의 사이에서 태어난 아이는 원인 유전자를 최대 하나만 가질 수 있기 때문에 유전자는 가지고 있지만 병에는 걸리지 않는다.

그렇다면 아버지와 어머니 모두 병에 걸리지는 않았지만 원인 유전자를 가지고 있을 경우는 어떻게 될까? 이 경우 그 두 사람의 아이에게서는 원인 유전자가 두 개가 되는 조합(열성 호모)이 가능해지며, 그 조합이 된 아이는 병에 걸리고 만다.

근친자 중에 병의 유원인 유전자를 보유한 사람이 있을 경우, 근친결혼을 하면 이런 조합이 탄생할 확률이 비약적으로 높아진다. 실제로 17세기에 번성했던 중부 유럽의 합스부르크 가문에서는 몇 대에 걸쳐 근친결혼을 반복했다. 특히 숙부와 조카의 결혼, 사촌 남매끼리의 결혼이 많았는데, 이 때문에 병약한 아이가 많이 태어나 결국 자손도 남기지 못하게 되는 바람에 가계가 끊기고 말았다. 조사 결과 근친결혼에서 유래하는 특정 유전병이 동시에 발병했음이 밝혀졌으며, 그 결과 병약한 아이가 많이 태어난 것이 아닌가 추정된다.

독립의 법칙과 연쇄·재조합

분리의 법칙에서는 한 가지 성질만을 대상으로 삼았는데, 두 가지 성질을 동시에 다루면 어떻게 될까? 멘델이 실시한 완두콩 실험에서 종자가 동그란 것과 주름이 잡힌 것, 떡잎이 노란색인 것과 녹색인 것을 예로 생각해보자. 동그란 종자에 노란색 떡잎(둥글노랑)만을 만드는 부모와 주름 잡힌 종자에 녹색 떡잎(주름녹색)만을 만드는 부모를 교배하면 자식은 전부 '둥글노랑'이 된다.

그리고 그 자식끼리 교배해서 생긴 손자는 둥글노랑:둥글녹색:주름노랑:주름녹색의 비율이 9 대 3 대 3 대 1이 된다. 이와 같이 어떤 성질을 결정하는 유전자가 서로 영향을 끼치지 않고 독립적으로 유전된다고 해서 '독립의 법칙'이라고 한다.

현재는 다른 염색체 위에 있는 유전자 사이에서만 이 법칙이 성립한다는 사실이 밝혀졌다. 동일 염색체 위에 있는 유전자라면 유전자의 조합은 4종류가 아니라 2종류가 된다. 유전자가 같은 염색체 위에 있어서 함께 움직이기 때문에 조합이 한정되어버린다. 이것이 '연쇄'다.

또한 염색체끼리 뒤엉켜서 유전자가 염색체를 갈아타게 되는 '교차'라는 현상도 있다. 이 때문에 같은 아버지와 어머니에게서 태어난 아이라고 해도 모두가 완전히 똑같은 유전자를 갖지는 않게 된다. 개체별로 다른 유전자를 가짐으로써 유전적 다양성을 유지하게 되는 것이다.

38

금발 아버지와 흑발 어머니 사이에서 태어난
아이의 머리카락은 무슨 색깔일까?

유전과 DNA·유전자는 어떤 관계에 있을까?
그리고 인간의 유전자에는 어떤 것이 있을까?

DNA와 유전자

유전자는 DNA(디옥시리보 핵산)로 구성되어 있다. 인간의 DNA
의 일부가 유전자로서 기능하도록 되어 있다. 인간의 유전자 수는
약 2만 9,000개라고 하며, 그 유전자들이 근육이나 털의 단백질을
만들고 헤모글로빈과 멜라닌 같은 색소나 아밀라아제와 리파아제
같은 효소의 단백질을 만든다.

머리카락 색이나 눈동자 색과 유전자

일본인은 흑발이 압도적으로 많은데, 이는 유전자와 관계가 있다. 머리카락 색은 멜라닌이라는 색소가 결정한다. 멜라닌은 유전자가 만드는데, 멜라닌을 만드는 유전자가 정상이라면 머리카락 색은 검은색 또는 갈색이 되며 변이하면 금색이 된다. 흑발이 우성 형질이기 때문에, 금발 아버지와 흑발 어머니 사이에서는 흑발인 아이가 태어나게 된다.

홍채의 색으로는 갈색, 녹색, 청색이 있다. 이 색을 결정하는 유전자로는 두 가지가 알려져 있다. 갈색 눈 유전자(EYCL3)와 녹색 눈 유전자(EYCL2)다. 모든 사람은 갈색 눈 유전자와 녹색 눈 유전자를 두 개씩 가지고 있다. 다음 그림의 1~6과 같이 갈색 눈 유전자가 둘 다 정상이거나 하나라도 정상이라면 눈은 갈색이 된다. 한편 7이나 8처럼 갈색 눈 유전자가 둘 다 변이하고 녹색 눈 유전자가 하나라도 정상이라면 녹색이 된다. 또한 갈색 눈 유전자와 녹색 눈 유전자가 전부 변이한 유전자를 부모에게서 물려받았을 경우(9의 경우)는 청색이 된다. 따라서 푸른 눈이 열성임을 알 수 있다.

그렇다면 여러 세대가 지난 미래의 인류는 전부 흑발에 갈색 눈을 갖게 될까? 그렇지는 않다. 금발이나 푸른 눈이라고 해서 생명

유전자와 홍채 색의 관계

	갈색 눈 유전자		녹색 눈 유전자		홍채
1	○	○	○	○	갈색
2	○	○	○	▲	
3	○	○	▲	▲	
4	○	▲	○	○	
5	○	▲	○	▲	
6	○	▲	▲	▲	
7	▲	▲	○	○	녹색
8	▲	▲	○	▲	
9	▲	▲	▲	▲	청색

○ 정상 유전자   ▲ 변이 유전자

에 지장을 초래하지는 않기 때문에 반드시 일정 비율로 반드시 다음 세대에 계승된다. 세상에는 항상 일정량의 금발·푸른 눈이 존재하는 것이다.

혈액형과 유전자

혈액형에는 여러 종류가 있는데, 가장 유명한 것은 ABO식 혈액형이다. A형과 B형이라는 두 종류의 항원이 있느냐 없느냐를 기

혈액형과 적혈구 항원·혈장 속 항체의 관계

혈액형	A형	B형	AB형	O형
항원 (적혈구)	A항원	B항원	A항원 B항원	없음
항체 (혈장 속)	항B 항체	항A 항체	없음	항A 항체 항B 항체

준으로 판정하는 방식의 혈액형이다. A항원을 만드는 유전자가 있으면 A형 혈액이, B항원을 만드는 유전자가 있으면 B형 혈액이, 양쪽을 모두 만든다면 AB형 혈액이, 어느 쪽도 만들지 못하면 O형 혈액이 된다. O형은 항원을 형성하는 유전자가 변이해 A항원도 B항원도 형성하지 않게 된 것이다. O형인 부모를 둔 자녀는 모두 O형이 된다.

A항원이나 B항원은 적혈구의 표면에 있는 단백질을 가리킨다. 적혈구의 표면 항원으로서 알려진 것은 250종류가 넘는데, 그중에서 ABO식 혈액형을 결정하는 항원이 널리 알려져 있다. A형

혈액인 사람은 적혈구에 A항원을 가지고 있으며, 혈장(혈액의 투명한 액체) 속에는 B항원에 대응하는 항B 항체를 가지고 있다. 여기에 B형 혈액을 집어넣으면 B형 혈액의 B항원과 항B 항체가 반응해 급격히 응집되고 만다. 한편, B형인 사람은 혈장 속에 항A 항체를 가지고 있기 때문에, 여기에 A형 혈액을 집어넣으면 역시 응집된다.

유전자를 조사하면 미래에 걸릴 병을 알 수 있다?

눈과 코는 어머니를 닮았고 귀는 아버지를 닮았다는 식의 이야기를 들을 수 있는데, 유전자는 더 많은 정보를 전한다.

유전자를 조사하면 무엇을 알 수 있을까?

자신의 유전자를 조사하는 것은 매우 간단하다. 인터넷에서 신청한 다음 면봉 같은 것으로 입속의 점막을 채취해 우편으로 보내면 결과가 돌아온다. 비용도 다양한데, 수백 종류에 이르는 병의 유전자를 알 수 있다. 예를 들면 대장암, 유방암, 폐암, 피부암 등도 알 수 있고 비만, 탈모, 술이 센가 약한가 등도 유전자가 결정한다. 그리고 유전자의 다양한 특징을 통해 장래의 올림픽 선수, 음악가, 예술가를 찾아낼 수도 있을지 모른다. 물론 수많은 유전

자가 조합된 결과 평범한 부모에게서 비범한 아이가 태어나기도
한다.

유전자를 조사한다는 것

어떤 사람과 다른 사람의 차이는 0.1퍼센트에 불과하다. 어떤
병에 걸린 사람과 건강한 사람의 유전자를 비교해보면 극히 작은
차이(변이)가 발견된다.

그러나 병에 걸린 수많은 사람의 유전자를 조사하는 것은 매우
어려운 일이다. 이에 한 벤처 기업은 아이슬란드에 주목했다. 아
이슬란드는 이민자가 적고, 1,000년이 역사를 가진 가문이 있으
며, 80년 이상의 병력 기록도 있기 때문이다. 이곳에서 유전자와
병의 관계를 조사해 의약품 개발로 연결시키고 있다.

유전병에는 어떤 것이 있을까?

일반적으로는 다운증후군, 헌팅턴병, 선천성 대사 이상 질환(페
닐케톤뇨증, 단풍당뇨증 등) 등을 유전병이라고 한다. 최근에는 수많
은 병이 유전자의 변이와 관련 있다는 사실도 밝혀졌다. 또한 어
떤 한 가지 유전자가 병의 원인이 되기보다는 몇 가지 유전자가
관여하는 경우가 많은 듯하다. 예를 들어 직장암에 관여하는 유

전자는 6종류가 있으며, 난소암, 자궁암, 전립선암, 신장암, 방광암, 위암, 췌장암, 간암에 관여하는 유전자도 밝혀졌다. 그리고 자폐증, 발달 장애, 아토피, 마약 중독까지도 유전자와 병 사이에 관계가 있음이 밝혀졌다. 그래서 외국의 경우는 유전자 검사 결과에 따라서는 보험 가입을 거부당하는 유전자 차별 사례도 있다.

반드시 병에 걸리는 것일까?

'DNA 이중 나선'을 발견한 제임스 듀이 왓슨 박사의 유전자에서는 두 개의 돌연 변이가 발견되었다. 그것은 어셔 증후군(시력, 청력 장애)과 코케인 증후군(조로)이라는 유전자병의 원인이 되는 것이었지만, 박사는 90세가 넘은 지금도 건강하게 살고 있다.

이처럼 유전자에 이상이 있으면 병에 걸릴 확률이 높아지기는 하지만 반드시 병에 걸리는 것은 아니다. 실제로 50명 중 한 명이 병과 관련된 유전자를 가지고 있지만, 유전자병에 걸리는 사람은 1만 명 중 한 명에서 100만 명 중 한 명에 그치고 있다.

유전자 이상은 천재를 만든다

역사상 최고의 바이올리니스트인 피콜로 파가니니는 콜라겐을 거의 만들지 못하는 엘러스-단로스 증후군이라는 유전병을 앓았던 듯하다. 이 병에 걸리면 양손이 기묘해 보일 만큼 유연해지는데, 덕분에 그는 평범한 사람은 도저히 따라할 수 없는 초월 기교를 발휘할 수 있었던 것으로 생각된다.

쌍둥이는 같은 병에 걸릴까?

일란성 쌍둥이는 완전히 똑같은 유전자를 가지고 있지만, 유전 정보 이외의 부분에 미묘한 차이가 있다. 가령 아버지가 과거에 굶주렸던 경험이 있으면 그 아이는 허약해진다. 또한 11세 이전에 흡연을 시작하면 유전자에 이상이 발생해 아이가 비만에 걸린다고 한다. 이처럼 인간의 유전자는 선천적인 이상도 있지만 생활 습관이 원인이 되어 이상이 추가되기도 한다.

40

정해진 상대하고만 맺어지지 않기에
DNA가 유전 정보를 전할 수 있다

DNA라는 말은 이미 일상적인 용어로 정착되었는데, 사실 이는 약칭이다.
DNA의 정식 명칭은 무엇일까? DNA는 어떤 구조를 띠고 있을까?

DNA의 정식 명칭

DNA의 정식 명칭은 디옥시리보 핵산(DeoxyriboNucleic Acid)이다. 왠지 복잡해 보이는 이름인데, 디옥시리보스는 당(糖)을 가리킨다. '디옥시'는 산소가 제거되었다는 의미로, 산소 원자가 하나 적음을 뜻한다. 또한 '리보스'는 오탄당을 의미하며, 오각형의 고리 모양을 이루는 당을 나타낸다. 그리고 '핵산'은 당, 염기, 인산으로 구성된 물질(뉴클레오타이드)이 잔뜩 연결되어 있는 물질을 말한다.

뉴클레오타이드

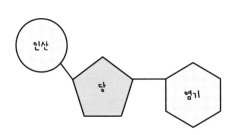

인산	당(오탄당)	염기	
HO-P-OH (OH 위, O 아래)	HO-C-H·O OH / C·H / H·C / C·H / HO / 디옥시리보스	아데닌(A)	티민(T)
		구아닌(G)	사이토신(C)

이처럼 DNA의 정식 명칭을 유심히 들여다보면 대략 어떤 구조인지를 알 수 있다.

그러나 각각의 단어는 DNA보다 훨씬 낯설다. DNA가 이중 나선의 구조를 띠고 있다는 이야기를 들은 적이 있는 사람조차도 DNA 자체의 구조는 그리 잘 알지 못한다.

염기의 배열 순서가 중요한 정보가 된다

그러면 먼저 당 1개, 인산 1개, 염기 1개로 구성되는 '뉴클레오 타이드'가 서로 어떻게 연결되는지 살펴보자.

오른쪽 그림을 보면, 당에 인산이 결합되어 있다. 이 인산이 중개역이 되어 당과 당을 염주처럼 연결해 끈 모양 구조를 만든다.

당에는 염기도 결합되어 있다. 염기에는 네 종류가 있다. 아데닌(앞으로 줄여서 A로 표기. 나머지도 동일), 구아닌(G), 티민(T), 사이토신(C)이다. 이 중 어느 하나의 염기가 하나의 당과 결합해 있다.

따라서 당이 나열되면 자연스럽게 염기의 배열 순서가 만들어진다. 이 배열 순서가 중요한 유전 정보이며, DNA를 설계도라고 하는 이유다.

염기끼리의 조합은 정해져 있다

네 종류의 염기 가운데 A와 G, T와 C는 각각 같은 골격을 가지고 있다. 그리고 A는 T, C는 G하고만 결합하도록 되어 있다. 따라서 뉴클레오타이드가 나열되어 있으면 그 염기에 결합할 수 있는 염기가 자동으로 결정되어버린다. 결합할 수 있는 염기를 가진 뉴클레오타이드만이 나열되기 때문에 그림처럼 이중 구조의 DNA가 된다.

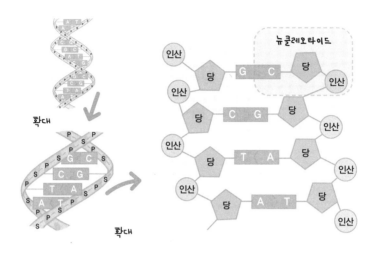

DNA가 각각 분리되더라도 A에는 T, C에는 G의 염기가 결합하므로 자연스럽게 다른 한쪽 염기의 배열이 완성되어 다시 원래대로 이중 구조를 띠게 된다.

이런 원리로 염기의 배열을 간단히 복제해 DNA의 정보를 전할 수 있다.

41

DNA는
단백질 합성의 암호?

인간의 몸을 컴퓨터라고 하면,
유전자의 DNA 배열은 그 컴퓨터를 움직이는 프로그램이다.

게놈은 생명의 레시피인가, 설계도인가?

게놈에는 DNA의 유전 정보가 적혀 있다.

그런데 게놈은 그리 엄밀한 설계도가 아니다. 게놈이 같더라도 환경에 따라 나타나는 특징이 달라진다. 이는 같은 유전자 정보를 가진 일란성 쌍둥이의 예를 봐도 알 수 있다. 그래서 게놈을 '설계도'가 아니라 '레시피'에 비유하기도 한다.

요리책에서 사진을 가리고 적혀 있는 레시피만을 보며 요리를 만들어보기 바란다. 레시피만 봐서는 전체의 이미지나 맛을 상상할 수 없다. 요리를 만드는 사람마다 식재료를 자르는 방식, 불의 세기, 조리 시간 등이 조금씩 달라지며, 그 작은 차이가 요리의 맛에 커다란 영향을 끼친다.

DNA는 단백질의 암호

게놈에 기록되어 있는 DNA의 정보에는 어디에 있는 세포에서 어떤 단백질을 언제 어떤 순서로 얼마만큼 만드는지만 적혀 있다. 만들어진 단백질은 효소, 호르몬 같은 조절 물질, 수용체 등 몸을 형성하는 물질이 된다. 그 결과 세포의 분열이 촉진되고 세포의 형태가 변화해 어떤 특정한 활동을 하게 되며, 이렇게 해서 하나의 수정란이 인간이 되어간다. 또한 그 과정에서 눈꺼풀이 쌍꺼풀이 되기도 하고 술에 강해지기도 하는 등 환경 인자나 영양 상태에 따라 차이가 만들어진다.

성염색체가 성을 결정한다

인간의 체세포에는 상염색체 44개와 성염색체 2개를 합쳐 46개의 염색체가 존재한다. 성염색체에는 X염색체와 Y염색체가 있는데, 여성은 X염색체를 2개 가지며 남성은 X염색체와 Y염색체를 각각 하나씩 가진다.

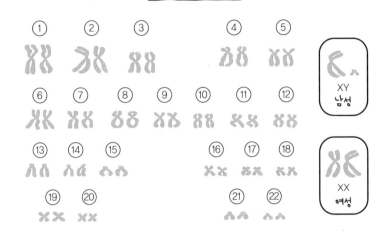

상염색체와 성염색체

SRY유전자의 활동이 남성을 만든다

그런데 최근 연구를 통해 왜 XY염색체를 가지면 남성이 되는지가 밝혀졌다.

Y염색체에는 SRY유전자라는 유전자가 있는데, 이를 성 결정 유전자라고도 한다. 이 SRY유전자가 없으면 여성이 되도록 여러 유전자가 작용하며, SRY유전자가 있으면 여성이 되는 유전자는 봉인되고 남성이 되는 유전자가 활성화되어 남성이 된다.

인간의 초기 발생 과정에서는 남녀 차이가 존재하지 않는다. 임신한 지 6주가 넘어가면, 미분화 생식소(생식샘 원기)는 Y염색체가 존재하지 않을 경우 바깥쪽(피질) 부분이 발달해 난소로 분화하며,

생식샘 원기의 분화

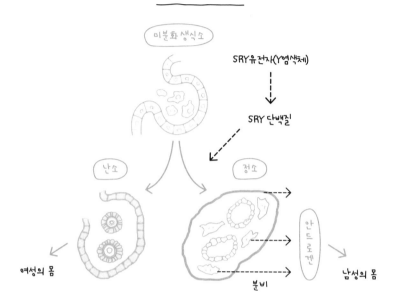

Y염색체가 존재할 경우는 Y염색체의 SRY유전자가 만든 SRY 단백질이 생식소 원기를 정소로 분화시킨다. 정소가 만들어지면 여기에서 안드로겐(남성 호르몬)이 분비되고, 이 호르몬의 작용으로 임신 8주째 정도부터 외부 생식기도 남성의 것으로 변화한다.

42

iPS 세포가
가져올 미래

iPS 세포는 이미 분화한 세포를 초기화하고
인공적으로 다능성을 획득시킨 세포를 가리킨다.

노벨상을 받은 iPS 세포

2012년, 세계 최초로 인간 iPS 세포를 수립한 야마나카 신야 박사가 노벨 생리학·의학상을 수상했다. 수상 이유는 '성숙 세포가 초기화되어 다능성을 획득할 수 있음을 발견한 공로'였다. 일단 성숙된 세포의 데이터를 초기화해 다능성을 가진 세포로 바꾼 성과를 높게 평가받은 것이다. 컴퓨터를 다루는 사람에게는 친숙한 용어인 '초기화'는 기존 데이터를 전부 지워서 깨끗한 상태로 되돌리는 것을 의미한다. iPS(induced pluripotent stem cells)는 유도 만능 줄기 세포로 번역된다.

그렇다면 다능성을 갖는다는 것은 무슨 의미일까?

분화능과 다능성

우리의 몸은 수정란에서 만들어진다. 하나의 세포였던 난세포가 난할을 거듭해 60조 개나 되는, 저마다 형태도 활동도 크게 다른 복잡한 세포를 만들어가는 것이다. 그리고 각각의 세포가 특정한 기능을 획득하게 되는 것을 '분화'라고 한다.

분화하기 전의 세포를 줄기 세포라고 한다. 대부분의 줄기 세포는 장래에 분화될 세포의 그룹이 한정되어 있지만, 그 그룹 속의 온갖 세포로 분화하는 능력을 지니고 있다. 가령 조혈 줄기 세포(조혈 모세포) 중에는 적혈구가 되는 것도 있고 백혈구가 되는 것도 있다. '다능성'은 이렇게 다양한 세포로 분화하는 능력을 의미한다. 그리고 일단 분화한 세포는 다른 세포로 바뀌지 않는다.

iPS 세포는 이 부분이 대단하다

우리의 몸을 구성하는 온갖 세포는 단 하나의 수정란에서 만들어진다. 배아의 세포는 그룹과 상관없이 어떤 종류의 세포로도 분화가 가능한 만능 세포다. 이런 능력을 전능성이라고 한다. iPS 세포가 사용되기 전에는 이 발생 초기의 만능 세포인 배아 줄기 세포(ES 세포: Embryonic stem cells)를 사용해 조직이나 장기를 만들어 내는 연구가 활발히 실시되었다. ES 세포는 동물의 발생 초기의 배아로부터 만들어지는 줄기 세포를 의미한다. '생명의 시작은 언제인가?'라는 문제에 관해서는 의견이 엇갈리지만, 인간 세포의 ES 세포 수립은 윤리 문제라는 거대한 벽을 넘지 못하고 있었다.

그러나 iPS 기술은 이미 분화한 세포(예를 들면 피부 세포)에서 만들어낼 수 있기에 이 문제에서 자유롭다. 게다가 환자 자신의 세포에서 iPS 세포를 만들어낸 다음 그 iPS 세포로 필요한 조직의 세포를 만들면, 이식할 때 반드시 따라오는 거부 반응 문제도 해결할 수 있다. iPS 세포는 이식 면역의 문제까지도 해결하는 획기적인 발견이었던 것이다.

iPS 세포를 만들어내는 원리

야마나카 박사 등이 iPS 세포를 만들어낼 때 사용한 4개의 인자(Oct3/4, Sox2, Klf4, c-Myc)는 세포의 초기화 버튼과 같은 중요한 역할을 한다. 추출한 체세포에 이 4개의 유전자를 도입하기 위해 레트로바이러스라는 것이 사용되었다. 레트로바이러스는 RNA 바이러스로, 역전사 효소를 가지고 있어서 세포에 감염해 RNA로부

[그림2] 혈액형과 적혈구 항원·혈장 속 항체의 관계

① 바이러스의 RNA에 네 가지 인자의 유전자를 집어넣는다.

② 숙주가 될 세포에 감염시킨다.

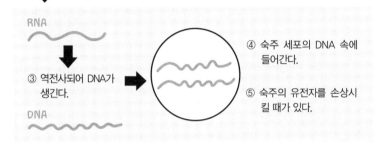

RNA

③ 역전사되어 DNA가 생긴다.

DNA

④ 숙주 세포의 DNA 속에 들어간다.

⑤ 숙주의 유전자를 손상시킬 때가 있다.

— 레트로바이러스를 이용한 유전자 도입 —

레트로바이러스는 숙주 세포 안에서 RNA로부터 DNA를 만들어(역전사) 숙주의 DNA 속에 집어넣는 능력을 지니고 있다. 집어넣는 장소에 따라서는 숙주의 유전자를 손상시킬 수 있다.

터 DNA를 합성하는 성질이 있다. 그리고 세포 안에서 새로 만들어진 겹가닥 DNA는 숙주의 DNA 속에 편입된다. 이 성질을 이용하면 숙주가 되는 체세포의 DNA에 외부로부터 유전자를 편입시킬 수 있다.

　그러나 목적한 곳 이외의 장소에 유전자가 들어가거나 발암 관련 유전자인 c-Myc 때문에 세포가 암화되어버리는 등 몇 가지 문제점도 있었다. 좀 더 안전한 방법을 찾아내기 위해 오늘도 전 세계의 연구 그룹이 시행착오를 거듭하고 있다.

유전자 재조합 기술은
자랑할 만한 것?

유전자 재조합 방법을 사용해 생물에게 다른 종 생물의 유전자를 도입하고
그 유전자가 활동하도록 만들면
유용한 물질을 생산하거나 품종을 개량할 수 있다.

유전자를 집어넣음으로써
기적의 파란 장미를 만들어내는 데 성공하다

1990년, 주조 회사인 산토리와 오스트레일리아의 벤처 기업인 플로리진의 연구자들은 파란 장미를 만들어내기 위한 연구에 착수했다. 파란 장미는 매우 어려운 과제로, 그때까지 아무리 품종을 개량해도 도저히 푸른 장미를 꽃피울 수가 없었다.

식물이 어떤 색의 꽃을 피우느냐는 그 식물이 선천적으로 가진 효소의 종류에 따라 결정된다. 장미나 카네이션 등은 많은 파란

꽃에 들어 있는 '델피니딘'이라는 색소를 합성하는 데 필요한 '청색화 효소'를 갖고 있지 않다. 그래서 파란 꽃을 피우지 못하는 것이다.

이에 산토리의 연구자들은 파란색을 만드는 유전자를 갖고 있지 않은 장미에 파란 꽃의 유전자를 집어넣으면 파란 꽃을 피울수 있을지 모른다는 아이디어를 생각해냈다. 처음에는 페튜니아, 용담, 나비완두꽃, 토레니아 등에서 델피니딘을 만드는 효소를 장미에 집어넣으려 시도했지만, 꽃은 여전히 빨간색이었다. 장미는 외부에서 넣은 효소를 좀처럼 받아들이지 않았던 것이다. 그러나 10년이라는 긴 시간 동안 노력을 거듭한 결과, 팬지의 파란색 유전자를 사용해 파란 장미인 '어플로즈'가 탄생했다.

이같이 어떤 생물이 본래 가지고 있는 능력을 이용하는 데 그치지 않고 다른 특정한 유전자를 집어넣음으로써 새로운 능력을 부여할 수 있게 되었다. 이런 기술을 유전자 재조합이라고 한다.

유전자 재조합 기술로 약을 만든다

인슐린은 혈당치를 낮추는 효과가 있어서 당뇨병 치료에 사용된다. 중증 당뇨병이 되면 환자는 인슐린 주사를 맞아야 한다.

과거에는 소나 돼지의 췌장에서 인슐린을 추출했다. 그러나 이렇게 만든 인슐린은 희소하고 불순물이 많으며 알레르기 반응을 일으키는 등 여러 문제점을 안고 있었기 때문에, 유전자 재조합 기술을 사용해 인슐린을 만들게 되었다. 인간의 인슐린을 만드는 유전자를 대장균에 집어넣자 본래는 인간의 인슐린을 만들 수 없는 대장균이 인간의 인슐린을 만들 수 있게 된 것이다. 이렇게 해서 1982년에 유전자 재조합 기술을 사용해 만든 인슐린이 발매되었는데, 바로 세계 최초의 바이오 의약품이다.

그 뒤 유전자 재조합은 바이오 의약품의 생산에 필수적인 기술이 되었다. 일본에서는 2013년 말 현재 혈전 용해제인 우로키나아제, 암과 간염 치료약인 인터페론 등 100가지가 넘는 바이오 의약품이 생산되고 있다. 인간의 유전자 재조합에 대장균을 이용할 수 있는 이유는 대장균과 인간 모두 유전자의 본체가 DNA이며 같은 설계도, 같은 암호의 지령으로 단백질을 만들기 때문이다. 또한 이 암호를 사용하는 것은 대장균만이 아니다. 극히 일부의 예외를 제외하면 세균뿐만 아니라 동물이나 식물에서 유래한 재조합 유전자도 이용되고 있다.

유전자 재조합 작물의 미래

슈퍼마켓에서 두부를 사려고 하면 포장지에서 "유전자 재조합 콩은 사용하지 않았습니다"라는 문구를 간혹 볼 수 있다.

제초제를 견뎌낼 수 있는 유전자 재조합 콩에는 아그로박테리움이라는 토양 세균에서 추출한 유전자가 들어 있다. 일반적으로 제초제인 글리포세이트는 생육에 필수적인 아미노산을 만드는 효소의 활동을 억제함으로써 식물을 말라죽게 만드는데, 토양 세균의 유전자를 집어넣은 콩은 글리포세이트의 영향을 받지 않기 때문에 말라죽지 않는다. 잡초는 말라죽지만 유전자 재조합 콩은 쑥쑥 성장하는 것이다.

유전자 재조합 작물은 안전성이 확인된 것만 시판되고 있다. 현재 유전자 재조합 작물로는 고단백질 옥수수, 저카페인 커피, 홍차, 저니코틴 담배, 내병성 포도 등이 있으며, 그것만 먹어도 많은 양의 비타민과 필수 지방산, 철분을 보충할 수 있는 등 개발도상국이나 특정한 사람들에게 유용한 작물이 개발되고 있다.

또한 전염병을 예방하는 백신이나 치료 효과가 있는 단백질을 포함한 작물, 인플루엔자에 걸렸을 때 먹는 빵, 꽃가루 알레르기에 효과가 있는 쌀 등도 연구가 진행되고 있다.

유전자 치료는
금기일까?

정형외과와 성형외과가 다르듯이,
유전자 치료는 병을 고치는 것이며
유전자 조작은 유전자를 희망하는 형태로 바꾸는 것이다.

일본 최초의 유전자 치료

1995년, 삿포로에서 일본 최초의 유전자 치료가 실시되었다. 그 대상은 아데노신 탈아미노 효소(ADA)라는 효소를 만드는 유전자가 결핍된 환자로, 그대로 놔두면 림프구의 면역 기능이 저하되어 죽음에 이르게 되기 때문에 점적 치료를 통해 정상적인 유전자를 추가한 세포를 집어넣었다. 일본에서는 1995년부터 2013년까지 약 50건에 이르는 다양한 유전자 치료가 실시되어 환자의 목숨을 구했다.

유전자를 보충하는 치료

  유전자 치료는 환자에게 부족한 유전자를 몸속에 집어넣는 방식인데, 유전자를 그대로 주사하면 금방 분해된다. 그래서 바이러스를 안전하게 개조한 다음 치료에 사용할 유전자를 세포 속까지 운반시킨다. 가령 ADA 결핍증의 경우, 환자에게서 림프 세포를 추출한 뒤 앞에서 이야기한 바이러스에 감염시킨다. 그리고 목적 유전자가 들어갔음을 확인하면 환자의 몸에 다시 투여한다.

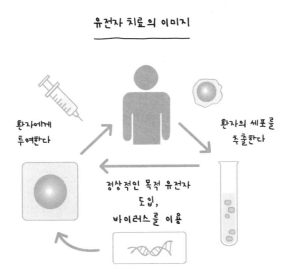

유전자 치료의 이미지

환자에게
투여한다

환자의 세포를
추출한다

정상적인 목적 유전자
도입,
바이러스를 이용

암세포를 억제한다

암도 유전자 치료가 가능하다. p53이라는 유전자는 암세포를 정상 세포로 되돌리거나 암세포에 세포사(세포의 자살)를 명령할 수 있다. 많은 사람이 이 p53 유전자를 가지고 있는데, 이 유전자에 이상이 생기면 암에 걸린다. 그래서 유전자 치료를 통해 정상적인 p53 유전자를 몸속에 집어넣으면 암을 억제할 수 있다.

에이즈를 치료한다

인간 면역 결핍 바이러스(HIV)가 일으키는 후천성 면역 결핍증(에이즈)에 걸린 환자는 전 세계에 5,000만 명이 넘는다고 하는데, 이 병에 대해서도 유전자 치료가 연구되고 있다. 첫 번째 방법은 바이러스의 유전자인 RNA를 분해하는 효소를 몸속에서 만드는 것이다. 그리고 두 번째 방법은 T림프구가 바이러스에 면역을 갖게 하는 것으로, 다시 말해 유전자 백신이다.

유전자 치료는 신에 대한 모독인가?

생명체에 유전자는 생명체 그 자체다. 즉, 유전자 치료는 인간 자체를 바꾸는 행위다. 그래서 의학적 설명을 충분히 하고 설명을 들은 환자가 유전자 치료를 결심한 뒤에야 비로소 유전자 치료를 실시하게 된다.

인간의 유전자 정보를 개조하는 행위인 까닭에 '신에 대한 모독'이라는 비판이나 유전자 재조합 곡물처럼 '예상치 못한 부작용'에 대한 우려가 제기되고 있지만, 다른 치료법이 없다면 유전자 치료는 허용될 것이다.

디자이너 베이비

망가진 유전자가 원인인 병은 유전자 치료로 고칠 수 있다. 난치병에 그치지 않고 비만이나 고혈압도 치료할 수 있을지 모른다.

또한 자녀를 이상적인 모습과 능력으로 만드는 것도 꿈은 아닌데, 바로 디자이너 베이비라는 발상이다. 수정란 단계에서 유전자 검사를 실시해 좋지 않은 부분은 수리하고 더 좋은 유전자를 추가해 부모가 원하는 아기로 만들려고 하는 시도다. 이를테면 '키가 크고 머리도 좋은 아이를 갖고 싶다', '축구를 잘하고 음악에도 재능이 있는 아이를 갖고 싶다' 같은 소원을 이루어준다. 암, 뇌졸중, 심장병에 걸리지 않고 100세까지 사는 것도 가능할지 모른다.

6

먹이사슬과
생태계

45

양배추밭에서
먹이그물을 생각한다

먹이사슬이란 무엇일까?
그 안에 생물들의 놀라운 관계가 숨어 있다.

먹고 먹히는 관계를 통해서 바라보는 생태계

지구상에 존재하는 다양한 생물들은 단독으로 사는 것이 아니라 생물끼리 서로 영향을 끼치면서 살고 있다. 먹고 먹히는 관계는 그 대표적인 예다. 여러 생물이 차례차례 먹혀가는 관계를 먹이사슬이라고 한다.

육상의 먹이사슬을 살펴보면, 식물은 광합성을 통해 에너지와 유기물을 만들어낸다. 그 식물을 초식 동물이 섭취하고, 그 초식 동물을 육식 동물이 잡아먹는다. 육식 동물을 잡아먹는 육식 동물도 있을 것이다.

그러나 생태계에서는 같은 생물이라도 유체일 때와 성체일 때 먹는 것이 다른 경우가 있다. 가령 배추흰나비의 유충은 양배추 잎을 먹지만 성충이 되면 꽃의 꿀에서 영양분을 얻는다. 이처럼 실제 먹이사슬은 복잡한 그물눈의 형태를 띠기 때문에 먹이그물 이라고 부르기도 한다. 먹이사슬은 먹이그물의 일부를 단순화한 것이라고도 할 수 있다.

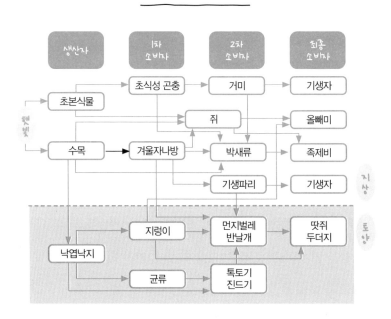

생물들의 간접적인 관계

생물들의 관계에서 먹고 먹히는 관계는 양자 간의 관계다. 그런데 3자 이상의 관계에서는 직접 먹고 먹히는 관계가 아닌 생물과 생물이 서로의 생존에 영향을 끼치기도 한다. 이와 같은 간접적인 관계에 관해서는 다양한 실례가 보고되고 있다.

가령 알라스카의 사시나무는 말코손바닥사슴에게 먹히면 먹힌 부분을 보충하기 위해 어린 가지를 왕성하게 뻗는데, 그런 어린 가지는 잎벌이라는 벌이 알을 낳기에 아주 적합하기 때문에 잎벌의 수가 증가한다는 보고가 있다. 다시 말해 말코손바닥사슴과 잎벌은 먹이사슬상 직접적인 관계가 없지만, 현실에서는 말코손바닥사슴이 사시나무를 먹으면 잎벌이 늘어날 수 있다.

양배추 위에서 펼쳐지는 공방전

양배추밭에서는 더욱 재미있는 일이 일어나고 있다. 배추좀나방의 유충은 양배추를 먹으며 성장하는데, 그곳에 배추나비고치벌이라는 기생벌이 찾아와 배추좀나방의 유충에 알을 낳는다. 그리고 알은 배추좀나방의 몸속에서 성충으로 자란다.

그런데 배추나비고치벌은 넓은 양배추밭에서 어떻게 배추좀나방의 작은 유충을 찾아내는 것일까?

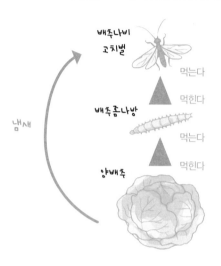

양배추, 배추좀나방, 배추나비고치벌의 관계

배추나비
고치벌

먹는다

먹힌다

배추좀나방

먹는다

먹힌다

양배추

냄새

　사실, 배추좀나방의 유충에게 뜯어 먹힌 양배추에서는 특별한 냄새 물질이 방출된다. 이 냄새에 이끌려서 배추나비고치벌이 모여드는 것이다. 마치 배추좀나방의 유충에게 피해를 입은 양배추가 배추나비고치벌에게 SOS 신호를 보내는 느낌이다. 양배추와 배추나비고치벌은 먹이사슬상 직접적인 관계가 없지만, 실제로는 간접적인 관계를 맺고 있는 것이다.

　이처럼 먹이그물 속에는 언뜻 봐서는 상상도 되지 않는 곳에 영향을 끼치는, 말 그대로 '나비 효과' 같은 생물의 간접적인 관계가 숨어 있다.

46

멸종이 우려되는
호랑이를 보호하려면?

생태계를 보호할 때
어느 일부분만을 잘라내서 보호하기는 어렵다.

아쿠아리움에서 배우는 물질 순환

열대어나 금붕어 등을 키우기 위해 수조에 그 물고기들이 사는 생태계를 재현하기도 한다. 이러한 아쿠아리움의 재미는 단순히 물고기를 키우는 것이 아니라 물고기가 살기 편한 생태계를 재현하는 데 있다.

아쿠아리움의 내부는 하나의 생태계이기에 다양한 물질이 생물 사이를 순환한다. 먹이를 주면 수조 안에 유기물로서 탄소와 질소가 공급된다. 이것이 그대로 부패하면 수질이 악화되기 때문에 먹이는 무작정 많이 주지 말고 물고기가 먹고 살 수 있을 만큼만 주는 편이 좋다.

먹지 않고 남은 먹이나 물고기에게서 배출된 유기물로서의 탄소는 물속이나 바닥에 깔린 모래 속에 있는 세균을 통해 이산화탄소가 된다. 이 이산화탄소는 수조에서 대기로 나오거나 수조 속의 수초 또는 조류에 흡수되어 광합성에 사용된다. 또한 질소는 부패를 실행하는 세균을 통해 암모니아가 되는데, 암모니아는 물고기에게 독성이 있기 때문에 농도가 높아지면 안 된다. 아쿠아리움의 상태가 건전하면 암모니아를 질산염으로 만드는 세균이 존재한다. 그리고 수초나 조류가 질산염을 흡수해 단백질이나 핵산 등 질소를 포함한 유기물로 만들며, 물고기는 그렇게 해서 생긴 조류를 다시 먹는다. 이렇게 해서 탄소와 질소는 아쿠아리움 속을 빙글빙글 순환하는 것이다.

어느 날, 단골 열대어 가게에 갔더니 한 부인이 점원에게 항의를 하고 있었다.

"이 가게에서 산 물고기는 금방 죽어버려요. 나는 죽어라 물을 깨끗하게 관리하고 열심히 돌보는데!"

이야기를 유심히 들어보니 수조 바닥에 깔린 모래를 매주 깨끗이 씻어서 햇볕에 말린다고 한다. 햇볕에 말리면 모래 속에 있는 세균이 죽어버려 물질이 제대로 순환하지 못한다. 그래서 수조의 수질이 악화되어 물고기가 죽은 것이다.

호랑이만을 보호하면 보호가 될까?

호랑이는 인도에서 시베리아에 이르기까지 넓은 범위에 분포하는 동물이었다. 그러나 최근 100년 사이 90퍼센트 이상 감소해, 현재는 약 3,000~5,000마리가 생존해 있을 뿐이다. 그래서 인도와 네팔 등 많은 국가가 보호 활동을 펼치고 있다.

호랑이가 감소한 원인으로는 모피와 한방약의 원료를 구하기 위해 실시된 사냥으로 인한 개체수 격감, 호랑이의 서식지가 되는 삼림 벌채 등을 들 수 있다. 따라서 보호 활동의 방침은 밀렵의 단속, 그리고 무엇보다도 삼림의 조성과 보호다. 구체적으로는 호랑이를 키울 수 있는 크기의 숲을 만드는 사업이 실시되고 있다. 숲이 작아지면 먹이가 되는 동물도 줄어들기 때문에 호랑이가 살아갈 수 없는 것이다.

호랑이는 생태계 속에서 먹이사슬의 최상위에 군림하는 동물이기에 강해 보이지만, 사실은 생태계의 변화에 가장 약한 생물이다. 호랑이를 보호하기 위해서는 그 지역의 귀중한 생태계 전체를 보호해야 한다. 호랑이만을 보호해서는 문제가 해결되지 않는다.

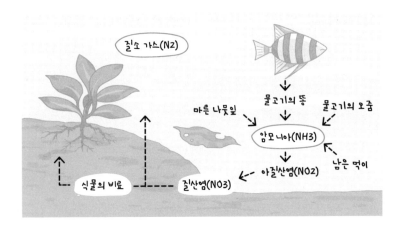

생물 농축의 공포

생태계 속에서 먹고 먹히는 관계를 통해 신체에 축적되어가는 물질이 있다. 일단 몸에 들어오면 좀처럼 배출되지 않으며, 몸속에서 분해도 되지 않는 물질이다. 이런 물질은 생물 농축을 일으킨다. 환경 속에서는 매우 낮은 농도였더라도 생산자나 1차 소비자 등이 그 물질을 축적하고, 그것을 2차 소비자가 다시 축적하고……. 이렇게 해서 고차 소비자일수록 농도가 높아져간다.

화학 회사나 공장 근처에 사는 주민이 수은 중독에 걸리기도 하는 비극적인 사건은 흔한 일이 되었다.

47

인간과 동물은
소비자?

든든한 아침 식사 메뉴인 채소 샐러드,
쇠고기나 닭고기 • 달걀, 빵이나 밥, 된장국, 우유에 커피,
이런 음식은 대부분 다른 생물에게서 얻은 것이다.

생산자와 소비자

우리가 먹는 음식은 근원을 거슬러 올라가면 누가 만들어냈을
까? 생물 가운데 식물이나 조류(藻類)는 물과 이산화탄소와 (태양)
빛으로부터 탄수화물(당질)을 만들어내며, 나아가 대사를 통해 아
미노산(단백질)이나 지질 등 필요한 생체 성분으로 다시 생산해내
는 능력을 지니고 있다. 다시 말해 생산자다.

한편 우리 동물은 살아가는 데 필요한 것을 전부 스스로 만들어
내지는 못한다. 그래서 식물이나 다른 동물이 만들어낸 것을 먹이

로 섭취해야 한다. 요컨대 소비자라고도 할 수 있다.

또한, 가령 먹이에서 섭취한 단백질은 아미노산으로 분해되지만 그중 절반은 그대로 단백질의 생합성에 다시 사용된다. 활동이 왕성한 동물의 경우, 원료로 생합성하는 것만으로는 에너지나 단백질의 합성이 필요한 양을 따라잡지 못하기 때문이다. 따라서 아미노산 등의 부품을 전부 만들기보다 사용할 수 있는 부품은 먹이로부터 섭취해 재이용하는 편이 효율적이다.

공생 세균 등을 효과적으로 이용하는 동물들

당연한 말이지만, 우리 인간은 마른 풀만 먹어서는 살아가지 못한다. 그러나 소나 양 등의 초식동물, 코알라나 판다 등은 풀이나 유칼립투스, 대나무 잎 등 식물만 먹고도 살 수 있다. 이런 초식동물들은 스스로 만들어내는 소화 효소 이외에 다른 동물들은 식이섬유로서 분해하지 못하는 셀룰로스도 분해할 수 있도록 셀룰로스 분해 능력을 지닌 장내 세균을 진화 과정에서 획득했다. 흰개미 역시 소화관 속에 셀룰로스를 분해하는 원생생물을 공생시킴으로써 마른 나무 등을 먹이로 삼고 있다.

그리고 일본인은 장내 세균에 김(해조)의 다당류를 분해하는 효소를 가지고 있다는 사실이 보고되었다. 김이나 미역, 다시마 등을 사용한 전통적인 요리를 잘 먹기 위해 그것들을 분해할 수 있는 장내 세균을 받아들인 모양이다.

이와 같이 장내 세균을 효과적으로 받아들여 이용하고 있는 사례가 존재한다.

부패와 발효 – 자연을 순환시키는 분해자들

흰개미가 장내 공생 시스템을 이용해서 이미 죽은 식물을 분해해 영양분으로 삼듯이, 이미 죽은 동물도 영원히 그 상태로 존재

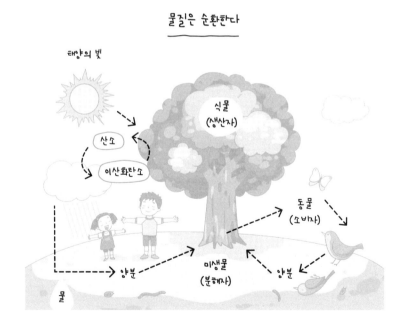

하는 것이 아니라 다양한 미생물에게 분해(부패)되어버린다. 우리 인간 또한 마지막에는 미생물에게 먹힐 운명인 것이다.

생명을 구성하는 물질은 생산자로부터 소비자, 그리고 분해자를 거쳐 다시 식물 등 생산자와 미생물의 영양분이 되며 자연계 속을 순환한다. 문자 그대로 "만물은 유전하는" 것이다(고대 그리스 철학자인 헤라클레이토스의 말).

먼 옛날부터 우리는 이 분해자인 미생물의 도움을 받아 청주와 된장, 간장 등 맛있게 먹을 수 있는 발효 식품을 만들어왔다. 또한 최근에는 전분뿐만 아니라 셀룰로스를 당화해 바이오매스 에너지로 이용하거나 음식물 쓰레기를 분해해 퇴비로 만드는 등, 미생물이 지닌 '자연을 순환시키는 힘'을 활용하고 있다.

48

생명을 뒷받침하는 탄소는
지구를 순환한다

생명이 살아가기 위해 없어서는 안 되는 탄소는 지구를 순환한다.
생물들은 어떻게 그 순환을 만들어내고 있을까?
그리고 인간은 어떻게 그 순환을 방해하고 있을까?

생명을 뒷받침하는 탄소

생물에게 반드시 필요한 원소의 대표 주자로는 질소와 탄소 등이 있다. 가령 질소는 아미노산과 단백질, 효소의 구성 성분이며, 탄소는 당류와 단백질, 지방 등의 골격이 되는 중요한 원소다. 지구상의 원소는 새로 만들어지지도, 사용해서 없어지지도 않는다. 그런 까닭에 수십억 년에 걸친 생명의 역사 속에서 생물은 질소와 탄소 등의 원소를 반복해서 이용해왔다.

탄소를 저장하는 삼림

　이산화탄소의 형태로 대기 속에 존재하는 탄소. 이산화탄소는 식물의 광합성을 통해 유기물로서 고정되는데, 그 유기물 중 일부는 식물 자신의 호흡에 이용되며 나머지는 초식동물에게 먹히는 등의 과정을 거쳐 다른 생물에게 섭취된다. 차례차례 동물에게 섭취됨으로써 생물 사이를 이동한다고나 할까? 그리고 시체나 낙엽이 되어 토양 속의 미생물에게 분해되며, 미생물의 호흡을 통해

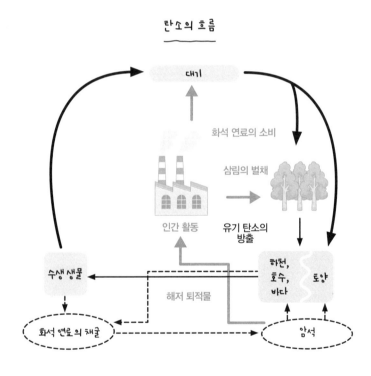

탄소의 흐름

이산화탄소가 대기에 방출된다.

이와 같이 수목을 비롯한 식물이 대기에서 흡수한 이산화탄소는 유기물로서 생명을 뒷받침하며, 그 유기물은 땅속의 미생물에게 분해되어 이산화탄소가 된 뒤 또다시 대기에 방출됨으로써 지구 위를 순환한다.

그런데 삼림이 벌채되고 불에 타면 어떻게 될까? 수목이 광합성을 통해 축적한 유기물은 연소를 통해 이산화탄소의 형태로 또다시 방출되고 만다. 토양의 유기물도 미생물의 호흡을 통해 이산화탄소의 형태로 방출된다. 요컨대 삼림을 불태우면 그만큼 대기속의 이산화탄소가 증가함을 알 수 있다.

우리의 생활을 뒷받침하는 탄소

탄소는 생명에게 없어서는 안 될 존재일 뿐만 아니라 우리의 생활도 뒷받침하고 있다. 우리는 목재나 종이, 플라스틱, 휘발유 등 탄소로 구성된 물질에 의존하며 살고 있기 때문이다. 플라스틱이나 휘발유의 근원이 되는 화석 연료에 관해 살펴보자.

화석 연료는 주로 석유와 석탄, 천연가스 등이다. 지하 깊은 곳에 격리되어 있는 화석 연료는 태곳적에 살았던 생물의 시체에서 만들어진, 탄소가 주체인 유기물이다. 조금 관점을 바꿔서 보면 인간이 파내서 이용하지 않는 한은 지구상을 순환하지 않는 탄소라고도 할 수 있다.

　그러나 인간이 연소해온 화석 연료는 탄소의 공급원으로서 큰 비중을 차지하게 되었다. 1987년 현재 다양한 인간 활동에 따른 이산화탄소의 방출량은 연간 $5.1 \sim 7.5 \times 10^9$톤이며, 지구상에 존재하는 생물의 호흡에 따른 자연계의 이산화탄소 방출량은 100×10^9톤이라는 계산도 있다. 그래서 본래 지구상을 순환할 일이 없었지만 인간의 활동을 통해서 방출된 여분의 이산화탄소가 지구 온난화를 일으킬 가능성이 우려되고 있다. 화석 연료의 이용과 삼림의 유지 등, 탄소 순환의 관점에서 우리 생활을 되돌아볼 필요가 있다.

49

매년 4만 종이
멸종 위기를 맞이하고 있다?

지구 생태계의 일원인 인간은 다양한 생물이 관계를 맺고 살아가는
생태계에서 얻은 산물에 의지하며 살고 있다.

유전자, 종, 생태계라는 세 층위의 생물 다양성

지구상에는 수많은 생물이 살고 있다. 학문적으로 이름이 붙어
있는 생물종만 해도 약 175만 종에 이르지만, 미생물이나 곤충,
균류 등에는 아직도 알려져 있지 않은 종이 많다. 때문에 실제로
는 5,000만 종에 가깝다고도 하며 1억 종이 넘을 것이라는 이야기
도 있다.

이 모든 생물은 약 30억 년 전에 탄생한 공통의 선조로부터 진
화해온 것으로 추정된다. 다양한 환경에 적응하면서 진화한 결과

수많은 생물종이 탄생했다. 이런 생물종들은 저마다 개성을 지니고 있으며, 모두가 직접 또는 간접적으로 서로를 뒷받침하면서 네트워크를 이루며 살고 있다.

생물 다양성의 중심은 먼저 지구상에 동물, 식물부터 세균 등에 이르기까지 다양한 생물종이 존재한다는 것이다. 이를 '종의 다양성'이라고 한다. 다만 이것만으로는 생물 다양성을 생물 종류의 많고 적음이라는 관점에서만 생각하게 될지도 모른다. 관점을 좀 더 확대해, 종의 층위보다 훨씬 작은 유전자의 층위와 종의 층위보다 훨씬 큰 생태계의 층위에서도 생물 다양성을 생각해야 한다.

같은 종이라도 유전자의 차이에 따라 생김새나 무늬, 생태 등에 다양한 개성이 생겨난다. 이를 '유전자의 다양성'이라고 한다. 가령 반딧불이는 암수가 빛을 사용해서 교신하는데, 일본에 사는 반딧불이의 경우 간토 지방에 사는 반딧불이와 간사이 지방에 사는 반딧불의 점멸 패턴이 서로 다르다. 몇 마리가 모여서 빛을 밝히고 끌 때, 간토 지방의 반딧불이는 약 4초 간격으로 빛을 밝히는 데 비해 간사이 지방의 반딧불이는 약 2초 간격으로 빛을 밝힌다. 또한 식물과 곤충은 서식 장소마다 다른 밤낮의 길이를 기준으로 꽃눈을 만들거나 겨울잠에 들어간다.

지구상에는 인간의 손길이 전혀 닿지 않은 삼림, 시골의 자연,

하천, 습원, 개펄, 산호초 등 다양한 유형의 자연이 있으며, 그곳에는 다양한 생태계가 존재한다. 이를 '생태계의 다양성'이라고 한다. 과거에서 미래로 이어지는 유전자, 동식물 등 생물의 종, 산호초와 삼림 등 다양한 생태계를 결합시켜(다시 말해 온갖 층위에서) 생물의 다양성을 생각해야 하는 것이다.

생물의 다양성에서의 '자연의 선물'

종, 유전자, 생태계 등 모든 층위에서 다양성이 중요하다는 말인데, 대체 왜 중요할까?

우리는 살아가는 데 필요한 물이나 식량, 공기, 목재, 식물성 섬유 등의 공급은 물론이고 방재 기능 등 다양한 부분에서 다른 생물들과 관계를 맺고 있다. 동식물에게서 식량을 얻고, 식물이 광합성을 통해 만들어낸 산소를 호흡하며, 정화한 물을 마시고, 수분 조절 작용을 통해 조절한 기후 속에서 살아간다. 이 세상의 약중 40퍼센트는 동식물 등 자연계에서 채취한 것을 원료로 만들어진다. 바로 '자연의 선물'이다.

따라서 생물 다양성이 약해지면 인류의 생존에도 불이익이 커지리라 예상할 수 있다. 그런데 지구의 역사에서 현대는 제6차 대량 멸종 시대로 불리며, 매년 약 4만 종에 이르는 생물이 멸종되고 있다고 한다. 일본에서도 야생 생물의 30퍼센트가 멸종 위기에 직면해 있다.

생물이 멸종하는 요인으로는 남획, 서식지의 파괴와 분단화, 서식지의 악화와 오염, 외래종의 침입, 병의 급속한 만연 등을 들 수 있다. 따라서 생물 다양성을 보전하려면 이런 요인들을 제거하는 것이 중요하다.

생물을 흉내 내 새로운 기술을 개발한다

의복에 달라붙은 야생 우엉의 열매를 현미경으로 들여다보니 무수히 많은 갈고리가 의복에 엉켜 있었다. 여기에서 힌트를 얻어 자유롭게 붙이고 뗄 수 있는 벨크로(일명 찍찍이)가 개발되었다. 연꽃 잎이 물을 튕겨내는 성질을 이용한 초발수성의 지저분해지지 않는 외벽, 빠른 속도로 헤엄치는 다랑어의 피부 특성을 이용한 저저항의 선박용 도료 등도 있다.

이처럼 자연계에 있는 생물의 움직임, 형태·구조나 화학 프로세스를 흉내 내어 물건을 만드는 연구가 진행되고 있다. 생물이 지닌 뛰어난 성질을 새로운 재료나 제품의 개발에 활용하려는 시도를 생체 모방(바이오미메틱스 또는 바이오미미크리)이라고 하는데, 이 또한 '자연의 선물'이라고 할 수 있을 것이다.

50

지구 온난화는
북극곰만의 문제가 아니다

지구 온난화는 생물이 살아가는 환경뿐만 아니라
생태계 자체를 파괴한다.

북극곰의 눈물

매년 더 심각해지는 온난화를 실감하고 있다. 지구 온난화의 문제 중 하나로, 북극해의 얼음이 녹아 북극곰의 삶이 위험에 빠졌다고 한다. 육지가 있는 북극과 달리 바닷물로 구성된 북극은 온난화의 영향을 가장 많이 받는 장소로 꼽힌다. 매년 계절에 따라 변동이 있기는 하지만, 해빙(빙산)의 연간 최소 면적 기록 상위 10위 중 8회가 최근 10년 사이에 기록된 것이라고 한다.

물론 해빙 면적의 축소는 북극곰만의 문제가 아니다. 얼음이 녹

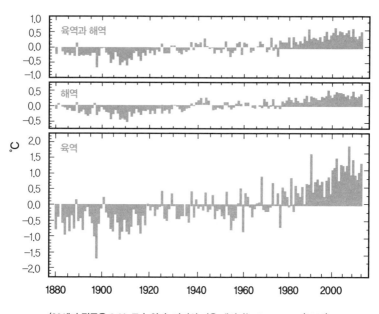

육역과 해역의 3월 기온을 20세기의 평균 기온과 비교한 그래프

(20세기 평균을 0.0℃로 놓았다. 과거의 기온 데이터는 Smith et al.(2008)
NOAA(National Climatic Data Center/National Oceanic and Atmospheric Administration)의
Global Analysis - March 2014의 페이지의 그래프를 참조.)

으면 해수면이 상승한다. 20세기의 100년 동안 해수면은 12~22
센티미터 상승했으며, 그 결과 멀리 떨어진 태평양의 섬들이 수몰
위기에 직면하고 있다.

암수의 균형이 무너진다

많은 파충류가 지면에 알을 낳는다. 언뜻 무책임해 보이지만, 햇볕이 잘 닿는 장소를 선택함으로써 지면이 알을 따뜻하게 데워주는 천연 부화기의 역할을 한다.

그런데 파충류 중에서도 악어나 거북 등의 알은 처음 산란한 시점에는 성별이 정해져 있지 않다. 신기하게도 지면의 온도에 따라 성별이 결정된다. 변온 동물인 파충류에게 온난한 기후는 살기 좋고 먹이도 많이 구할 수 있으리라 예상되기에 자손을 번영시킬 좋은 기회다. 암수의 균형을 결정하는 온도는 종에 따라 다르다. 가령 붉은바다거북의 경우는 섭씨 29도일 때 암수의 비율이 정확히 1:1이 되며, 섭씨 32도 이상에서는 전부 암컷, 섭씨 28도 이하에서는 전부 수컷이 된다. 반대로 미국 앨리게이터의 경우는 섭씨 32도 이상일 때 수컷, 섭씨 30도 이하일 때 암컷이 태어난다. 따라서 온난화가 계속 진행된다면 암컷 또는 수컷만 태어나게 되어서 번식이 어려워질 것이다.

산호초가 사라진다?

산호초가 투명하고 따뜻하며 얕은 바다에만 존재하는 이유가 있다. 산호충이라는 작은 동물의 집합체인 산호의 표면에는 갈충

조라는 조류가 공생하고 있다. 산호충은 촉수로 동물 플랑크톤을 포식하기도 하지만, 많은 영양분을 갈충조의 광합성 산물에 의존한다. 그래서 빛이 닿는 범위(수심 20~30미터)에서만 살 수 있다.

또한 수온이 섭씨 30도 이상이 되면 갈충조가 죽고 만다.

골격이 그대로 드러난 산호는 마치 백골이 된 시체처럼 보인다. 이를 '백화 현상'이라고 하는데, 최근에는 오키나와의 바다에서도 자주 보고되고 있다. 갈충조가 없어진 상태가 오래 계속되면 산호충은 영양분을 얻지 못해 죽고 만다. 산호초는 수많은 해양 생물의 서식 장소로, 특히 작은 물고기에게는 몸을 지키는 데 최적의 장소다. 그런 산호초가 사라진다면 생태계도 크게 변화할 수밖에 없다.

지구 규모의 변화

계산에 따르면 기온이 섭씨 1.5~2.5도만 상승해도 30퍼센트 정도의 생물종이 멸종하리라 예상되고 있다. 기온 상승으로 적도 부근에서 사막화가 진행되어, 전체적인 생태계가 극 방향으로 이동한다. 이동할 수 있는 육지가 없는 오스트레일리아 대륙 같은 지역에서는 생태계 자체가 소멸할 위험성이 있다. 고산 지대의 빙하가 녹아 사라지면 역시 그곳에 사는 생물도 멸종하게 될 것이다.

또한 북극 해빙이 녹아 사라지거나 고위도 지방의 해수 온도가 높아지면, 무겁고 차가운 바닷물이 가라앉으면서 일어나는 바닷물의 심층 순환을 약화할 수 있다고 예측하는 연구도 있다. 바닷물의 대순환이 제대로 이루어지지 않으면 해양 전체의 생태계가 파괴된다.

필진

사마키 다케오
호세이 대학교 교직과정센터 교수
《과학 탐험(RikaTan)》 편집장. '미지를 향한 탐험'이 신조이며, 과학이 세상에서 가장 재미있다고 생각한다. 취미는 국내외의 여행과 가벼운 등산이다. 도쿄부터 교토까지 걸어간 적도 있다.
담당 26, 29, 34, 49
· 야스이 미쓰쿠니와 공저 02, 43

아오노 히로유키
지토세 시립 호쿠토 중학교 교사
《과학 탐험(RikaTan)》 부편집장. 홋카이도에서 과학 서클인 Wisdom96을 만들고 동료들과 함께 수업 프로그램을 연구하고 있다.
담당 06, 07, 18, 21

사노 가즈미
독립법인 국립환경연구소 소장
의학박사. 전공은 분자 생물학, 과학 커뮤니케이션. 과학 리터러시의 향상을 지향하며 조사 연구를 실시하고 있다. 환경 교육과 리스크 교육의 보급에도 힘을 쏟고 있다.
담당 13, 35, 36, 42, 50

오가와 도모히사
도호쿠 대학교 대학원 생명과학연구과 준교수
《과학 탐험(RikaTan)》 기획·편집 위원. 단백질을 연구하고 있다. 생물에게는 아직 신기한 부분이 많기에, 조금이라도 그 수수께끼를 해명하고자 노력하고 있다.
담당 12, 19, 27, 47

다마노 신지
메이조 대학교 강사
생물학을 즐기는 가운데 과학적인 사고방식이 몸에 밸 수 있게 한다는 목표 아래 강의와 집필 활동을 펼치고 있다. 《과학 탐험(RikaTan)》에서 '중학교 입시를 즐기자(생물·지학편)'를 연재 중이다.
담당 09, 11, 14, 15, 46

사마키 에이코
주식회사 SAMA기획 대표
5년 전까지 34년 동안 지바 현의 공립 고등학교에서 주로 생물을 담당했다. 현재는 90세의 부모를 돌보는 가운데 생물학의 재미를 발신하려 노력하고 있다.
집필 담당 01, 04, 16, 17

야스이 미쓰쿠니

무로란 공업대학교 생활환경계 영역

전공은 내열성 활성 산소 제거 효소, 바이오매스 이용을 위한 리그닌 분해 효소 연구다. 그 밖에 기술자 윤리, FD 연구, 과학 교육도 연구하고 있다.

담당 39, 44

- 사마키 다케오와 공저 02, 43

히라야마 아키히코

프리랜서. 이치하라 · 소데가우라 소년소녀 발명 클럽 전임 지도원

아이들에게 과학의 즐거움을 전하고자 노력하고 있다. 치의학박사. 저서로 《즐거운 과학 실험 · 관찰 시리즈(전4권)》(호시노와카이) 등이 있다.

담당 10, 24, 28, 41

요코우치 다다시

나가노 현 마쓰모토 시립 시미즈 중학교 교사

《과학 탐험(RikaTan)》 편집 위원. 중학교에서 과학을 가르치는 가운데 과학의 즐거움과 북알프스 · 아즈미노의 아름다운 자연을 탐구하고 있다.

담당 05, 33, 37, 38

호야 아키히코

민들레공방 과학 라이터

연구 주제는 식물의 진화와 생태. 생물을 전문으로 집필 · 이벤트를 실시하는 '민들레공방'을 설립했다. 저서로 《우리 주변의 '잡초'의 비밀》(세이분도신코사) 등이 있다.

담당 08. 31, 45, 48

요시다 노리마키

과학책을 읽고 들려주는 모임 '혼토혼토' 대표

책을 활용해 과학과 국어, 과학과 보건을 융합시키는 과학 커뮤니케이션을 실시하고 있다. 웹사이트 로버스트 헬스에 '어른이 받아야 할 요즘의 보건 과학'을 연재 중이다.

담당 20, 22, 23, 40

무라야마 히데노부

삿포로 소세이 고등학교 교사

《과학 탐험(RikaTan)》 편집 위원. 과거에는 독일 도인 학원의 교사였다. 독일 체류 시절에 주변 20개국을 돌아다니며 해외여행에 푹 빠져들었다. 여행지에서는 교재 찾기와 전통 의상 관찰을 즐긴다.

담당 03, 25, 30, 32

참고 문헌

01 《동적 평형》 후쿠오카 신이치(은행나무)

08 《30억 년의 조류 자연사》 이노우에 이사오(전남대학교출판문화원)

   《식물이 걸어온 길》 니시다 하루후미(니혼방송출판회)

17 《신기할 만큼 쏙쏙 이해되는 공룡 이야기》 오바타 이쿠오(일본문예사)

   《어른을 위한 공룡학》 쓰치야 겐(쇼덴사)

31 "단성 생식을 동반하는 분포역 형성 ~ 붕어의 다양화의 역사" 오하라 겐이치(《담수어류 지리

   의 자연사》(홋카이도대학교출판회) 제10장)

   "잡종성 민들레의 진화" 호야 아키히코(《외래 생물의 생태학》(분이치종합출판)

45 《생태학》 M. Begon 외(라이프사이언스)

   《생물 다양성 과학의 권장》 오구시 다카유키(마루젠주식회사)

48 《생태학》 M. Begon 외(라이프사이언스)

   《생태와 환경》 마쓰모토 다다오(이와나미서점)

   《배워 보면 재미있는 생태학》 이세 다케시(벨출판)

50 《온난화의 세계 지도 제2판》 커스틴 도우, 토마스 다우닝, 곤도 히로키 옮김(마루젠출판,

   2012)

   NOAA Climate Monitoring의 2014년 3월 데이터 https://www.ncdc.noaa.gov/sotc/

   global/201403

일상 속 숨어 있는
생물학 이야기

초판 1쇄 인쇄 2021년 9월 7일
초판 1쇄 발행 2021년 9월 13일

편저 사마키 다케오·아오노 히로유키
옮긴이 김경환
펴낸이 정용수

사업총괄 장충상 본부장 윤석오
편집장 박유진
디자인 김지혜
영업·마케팅 정경민
제작 김동명 관리 윤지연

펴낸곳 ㈜예문아카이브
출판등록 2016년 8월 8일 제2016-000240호
주소 서울시 마포구 동교로18길 10 2층(서교동·465-4)
문의전화 02-2038-3372 주문전화 031-955-0550 팩스 031-955-0660
이메일 archive.rights@gmail.com 홈페이지 ymarchive.com
블로그 blog.naver.com/yeamoonsa3 인스타그램 yeamoon.arv

한국어판 출판권 © ㈜예문아카이브, 2021
ISBN 979-11-6386-079-2 03470